工业机器人
操作与编程（KUKA）
（第2版）

总主编　谭立新
主　编　李正祥　宋祥弟
副主编　张宏立　吕玉国

北京理工大学出版社
BEIJING INSTITUTE OF TECHNOLOGY PRESS

内 容 简 介

全书以项目任务式，围绕 KUKA 机器人，使读者对 KUKA 机器人由认识到详细了解，从而能够独立完成机器人的基本操作，以及根据实际应用进行基本编程。学习者可根据项目完成任务。其中：KUKA 机器人基础知识及手动操作、KUKA 机器人的输入/输出介绍与配置、KUKA 机器人的程序数据设定、KUKA 机器人程序编写这四个项目主讲 KUKA 机器人的硬件与程序编程的基本应用与练习，使读者熟悉与熟练每个单元的操作步骤及功能特点；KUKA 机器人 TCP 练习与写字绘图、KUKA 机器人搬运码垛、KUKA 机器人智能分拣三个项目是以生产实践为基础的大型工程应用，可投入生产线作为作业的教学练习。

本书内容系统，层次清晰，实用性强，可作为高等职业院校、中等职业院校工业机器人技术等相关专业的教学用书，也可供工业机器人设计、使用、维修人员参考。

图书在版编目（C I P）数据

工业机器人操作与编程：KUKA／李正祥，宋祥弟主编. --2 版. --北京：北京理工大学出版社，2022.1

　ISBN 978-7-5763-1036-8

Ⅰ.①工… Ⅱ.①李… ②宋… Ⅲ.①工业机器人-操作②工业机器人-程序设计 Ⅳ.①TP242.2

中国版本图书馆 CIP 数据核字（2022）第 029008 号

出版发行／北京理工大学出版社有限责任公司
社　　址／北京市海淀区中关村南大街 5 号
邮　　编／100081
电　　话／（010）68914775（总编室）
　　　　　（010）82562903（教材售后服务热线）
　　　　　（010）68944723（其他图书服务热线）
网　　址／http：//www.bitpress.com.cn
经　　销／全国各地新华书店
印　　刷／三河市天利华印刷装订有限公司
开　　本／787 毫米×1092 毫米　1/16
印　　张／11.5
字　　数／267 千字
版　　次／2022 年 1 月第 2 版　2022 年 1 月第 1 次印刷
定　　价／57.00 元

责任编辑／封　雪
文案编辑／封　雪
责任校对／刘亚男
责任印制／施胜娟

总序

2017 年 3 月，北京理工大学出版社首次出版了工业机器人技术系列教材，该系列教材是全国工业和信息化职业教育教学指导委员会研究课题《系统论视野下的工业机器人技术专业标准与课程体系开发》的核心成果，其针对工业机器人本身特点、产业发展与应用需求，以及高职高专工业机器人技术专业的教材在产业链定位不准、没有形成独立体系、与实践联系不紧密、教材体例不符合工程项目的实际特点等问题，提出运用系统论基本观点和控制论的基本方法，在系统全面调研分析工业机器人全产业链基础上，提出了工业机器人产业链、人才链、教育链及创新链"四链"融合的新理论，引导高职高专工业机器人技术建设专业标准及开发教材体系，在教材定位、体系构建、材料组织、教材体例、工程项目运用等方面形成了自己的特色与创新，并在信息技术应用与教学资源开发上做了一定的探索。主要体现在：

一是面向工业机器人系统集成商的教材体系定位。主体面向工业机器人系统集成商，主要面向工业机器人集成应用设计、工业机器人操作与编程、工业机器人集成系统装调与维护、工业机器人及集成系统销售与客服五类岗位，兼顾智能制造自动化生产线设计开发、装配调试、管理与维护等。

二是工业应用系统集成核心技术的教材体系构建。以工业机器人系统集成商的工作实践为主线构建，以工业机器人系统集成的工作流程（工序）为主线构建专业核心课程与教材体系，以学习专业核心课程所必需的知识和技能为依据构建专业支撑课程；以学生职业生涯发展为依据构建公共文化课程的教材体系。

三是基于"项目导向、任务驱动"的教学材料组织。以项目导向、任务驱动进行教学材料组织，整套教材体系是一个大的项目——工业机器人系统集成，每本教材是一个二级项目（大项目的一个核心环节），而每本教材中的项目又是二级项目中一个子项（三级项目），三级项目由一系列有逻辑关系的任务组成。

四是基于工程项目过程与结果需求的教材编写体例。以"项目描述、学习目标、知识准备、任务实现、考核评价、拓展提高"六个环节为全新的教材编写体例，全面系统体现工业机器人应用系统集成工程项目的过程与结果需求及学习规律。

该教材体系系统解决了现行工业机器人教材理论与实践脱节的问题，该教材体系以实践为主线展开，按照项目、产品或工作过程展开，打破或不拘泥于知识体系，将各科知识融入项目或产品制作过程中，实现了"知行合一""教学做合一"，让学生学会运用已知的知识和已经掌握的技能，去学习未知的专业知识和掌握未知的专业技能，解决未知的生产实际问题，符合教学规律、学生专业成长成才规律和企业生产实践规律，实现了人类认识自然的本原方式的回归。经过四年多的应用，目前全国使用该教材体系的学校已超过140所，用量超过十万多册，以高职院校为主体，包括应用本科、技师学院、技工院校、中职学校及企业岗前培训等机构，其中《工业机器人操作与编程（KUKA)》获"十三五"职业教育国家规划教材和湖南省职业院校优秀教材等荣誉。

随着工业机器人自身理论与技术的不断发展、其应用领域的不断拓展及细分领域的深化、智能制造对工业机器人技术要求的不断提高，工业机器人也在不断向环境智能化、控制精细化、应用协同化、操作友好化提升。随着"00"后日益成为工业机器人技术的学习使用与设计开发主体，对个性化的需求提出了更高的要求。因此，在保持原有优势与特色的基础上，如何与时俱进，对该教材体系进行修订完善与系统优化成为第2版的核心工作。本次修订完善与系统优化主要从以下四个方面进行：

一是基于工业机器人应用三个标准对接的内容优化。实现了工业机器人技术专业建设标准、产业行业生产标准及技能鉴定标准（含工业机器人技术"1＋X"的技能标准）三个标准的对接，对工业机器人专业课程体系进行完善与升级，从而完成对工业机器人技术专业课程配套教材体系与教材及其教学资源的完善、升级、优化等；增设了《工业机器人电气控制与应用》教材，将原体系下《工业机器人典型应用》重新优化为《工业机器人系统集成》，突出应用性与针对性及与标准名称的一致性。

二是基于新兴应用与细分领域的项目优化。针对工业机器人应用系统集成在近五年工业机器人技术新兴应用领域与细分领域的新理论、新技术、新项目、新应用、新要求、新工艺等对原有项目进行了系统性、针对性的优化，对新的应用领域的工艺与技术进行了全面的完善，特别是在工业机器人应用智能化方面进一步针对应用领域加强了人工智能、工业互联网技术、实时监控与过程控制技术等智能技术内容的引入。

三是基于马克思主义哲学观与方法论的育人强化。新时代人才培养对教材及其体系建设提出了新要求，工业机器人技术专业的职业院校教材体系要全面突出"为党育人、为国育才"的总要求，强化课程思政元素的挖掘与应用，在第2版教材修订过程中充分体现与融合运用马克思主义基本观点与方法论及"专注、专心、专一、精益求精"的工匠精神。

四是基于因材施教与个性化学习的信息智能技术融合。针对新兴应用技术及细分领域及传统工业机器人持续应用领域，充分研究高职学生整体特点，在配套课程教学资源开发方面进行了优化与定制化开发，针对性开发了项目实操案例式MOOC等配套教学资源，教学案例丰富，可拓展性强，并可针对学生实践与学习的个性化情况，实现智能化推送学习建议。

因工业机器人是典型的光、机、电、软件等高度一体化产品，其制造与应用技术涉及机械设计与制造、电子技术、传感器技术、视觉技术、计算机技术、控制技术、通信技术、人工智能、工业互联网技术等诸多领域，其应用领域不断拓展与深化，技术不断发展与进步，本教材体系在修订完善与优化过程中肯定存在一些不足，特别是通用性与专用性的平衡、典型性与普遍性的取舍、先进性与传统性的综合、未来与当下、理论与实践等各方面的思考与运用不一定是全面的、系统的。希望各位同仁在应用过程中随时提出批评与指导意见，以便在第 3 版修订中进一步完善。

谭立新

2021 年 8 月 11 日于湘江之滨听雨轩

前言 Preface

工业机器人技术是先进制造技术的代表。近年来，智能机器人越来越多地介入人类的生产和生活中，人工智能技术不仅在西方国家发展势头强劲，在中国的发展前景也同样引人注目，中国已然是全球机器人行业增长最快的市场。工业机器人是一种功能完整、可独立运行的自动化设备，它有自身的控制系统，能依靠自身的控制能力来完成规定的作业任务，因此，其编程和操作是工业机器人操作、调试、维修人员必须掌握的基本技能。

本书围绕认识、熟悉 KUKA 机器人操作、能够独立完成机器人的基本操作，以及根据实际应用进行基本编程这一主题，通过详细的图解实例对 KUKA 机器人的操作、编程相关的方法与功能进行讲述，让读者了解与操作编程作业相关的每一项具体操作方法，从而使读者从软、硬件方面对 KUKA 机器人都有一个全面的认识。

本书适合从事 KUKA 机器人应用的操作与编程人员，特别是刚接触 KUKA 机器人的工程技术人员，以及职业院校工业机器人技术专业、自动化专业等相关专业的学生阅读。

全书以项目任务式呈现，学习者根据项目完成任务，一边操作一边学习，这样可事半功倍地吸收知识。

项目一至项目四：
- KUKA 机器人基础知识及手动操作
- KUKA 机器人的输入/输出介绍与配置
- KUKA 机器人的程序数据设定
- KUKA 机器人程序编写

这四个项目主讲 KUKA 机器人的硬件与程序编程的基本应用与练习，使读者熟悉与熟练掌握每个单元的操作步骤及功能特点。

项目五至项目七：
- KUKA 机器人 TCP 练习与写字绘图
- KUKA 机器人搬运码垛
- KUKA 机器人智能分拣

这三个项目主要是以生产实践为基础的大型工程应用，可投入到生产线作为教学练习。

书中内容简明扼要、图文并茂、通俗易懂，并配有湖南科瑞迪教育发展公司提供的 MOOC 平台在线教学视频（www.moocdo.com），适合工业机器人操作者阅读参考，同时也适合作为各普通高校与高职院校的主导教材。

本书由李正祥、宋祥弟任主编，张宏立、吕玉国任副主编。谭立新教授作为整套工业机器人系列丛书的总主编，对整套图书的大纲进行了多次审定、修改，使其在符合实际工作需要的同时，便于教师授课使用。

在丛书的策划、编写过程中，湖南省电子学会提供了宝贵的意见和建议，在此表示诚挚的感谢。同时感谢为本书中实践操作及视频录制提供大力支持的湖南科瑞特科技股份有限公司。

尽管编者主观上想努力使读者满意，但在书中不可避免尚有不足之处，欢迎读者提出宝贵建议。

编者

目录 Contents

项目一

KUKA 机器人基础知识及手动操作

1.1 项目描述

本项目的主要学习内容包括：了解 KUKA 机器人的硬件系统结构；正确地使用示教器；了解 KUKA 机器人的坐标系和手动操纵方法；通过示教器正确地操作机器人，使机器人快速准确地到达目标点。

1.2 教学目的

通过本项目的学习让学生了解 KUKA 机器人的硬件系统结构，熟悉机器人各关节轴的原点位置，正确地使用示教器，掌握如何在示教器上设定显示语言与系统时间，熟练地掌握 KUKA 机器人的坐标系和手动操纵方法，通过示教器正确地操作机器人，并对机器人进行简单的示教，所以掌握本项目的内容显得尤为重要。本项目内容为 KUKA 机器人基础知识及手动操作，会出现大量的示教器使用和配置环节，学生可以按照本项目所讲的操作方法同步操作，为后续学习更加复杂的内容打下坚实的基础。

1.3　知　识　准　备

KUKA 机器人
安全注意事项

1.3.1　了解 KUKA 机器人机械系统与控制系统

KUKA 工业机器人的硬件系统由机械系统、示教器、控制系统三个基本部分组成。机械系统即机座和执行机构，包括臂部、腕部、手部。大多数工业机器人有 4～6 个自由度，其中腕部通常有 1～3 个自由度；示教器是进行机器人的手动操纵、程序编写、参数配置以及监控用的手持装置；控制系统按照输入的程序对驱动系统和执行机构发出指令信号，并进行控制。

为了认识和操作 KUKA 机器人，我们以 KR 6 R700 sixx 型机器人为例来学习。

KR 6 R700 sixx 是 KUKA 的一款小型机器人（图 1–1），具有敏捷、紧凑、轻量、位置重复精度高的特点。广泛应用于物料搬运与装配应用。主要技术参数如下：

工作半径：最大 706.7 mm。

机器人质量：50 kg。

安装方式：地面、墙壁、倒装等多种方式。

自由度数：6。

额定负载：3 kg。

最大承重负载：6 kg。

控制系统：KR C4 compact。

防护等级：IP 54。

工作空间体积：1.36 m³。

运行环境温度：278 K 至 318 K（+5 ℃至+45 ℃）。

运行环境湿度：相对空气湿度≤90%。

KR 6 R700 sixx 的轴参数如表 1–1 所示。

KUKA 机器人
系统的认知

表 1–1　KR 6 R700 sixx 的轴参数

轴	运动范围，受软件限制	额定负载时的速度
1	±170°	360°/s
2	+45° 至 −190°	300°/s
3	+156° 至 −120°	360°/s
4	±185°	381°/s
5	±120°	388°/s
6	±350°	615°/s

1. KUKA 机器人的机械系统

机械手是机器人机械系统的主体，它由众多活动的、相互连接在一起的关节（轴）组成，我们也称之为运动链，如图 1-2 所示。

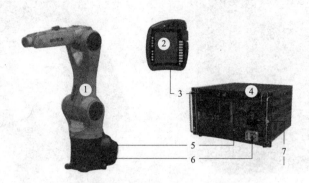

图 1-1　机器人硬件系统

1—机械手（机器人机械系统）；2—手持式编程器 smartPAD；3—连接线缆/smartPAD；4—机器人控制系统
（KR C4 compact）；5—连接线缆/数据线；6—连接线缆/电机导线；7—连接电缆/电源线

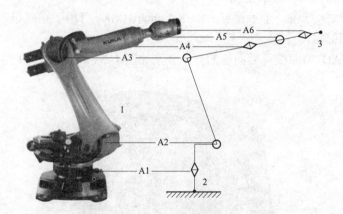

KUKA 机器人机械
系统与控制系统
系统认知

图 1-2　运动链

1—机械手（机器人机械系统）；2—运动链的起点：机器人足部（ROBROOT）；

3—运动链的开放端：法兰盘（FLANGE）

A1～A6：机器人轴 1～6

2. KUKA 机器人的控制系统

机器人机械系统由伺服电机控制运动，而该电机则由 KR C4 控制系统控制（图 1-3）。KR C4 对机械手以及示教器传输的数据进行运算处理，最终控制机械手的运动。

1.3.2　KUKA 机器人示教器 KUKA smartPAD 的介绍

示教器是机器人的人机交互接口，机器人的所有操作基本上都是通过示教器来完成的，如点动机器人，编写、调试和运行机器人程序，设定、查看机器人状态信息和位置等。KUKA 机器人的示教器 KUKA smartPAD，也叫KCP，它的外观如图 1-4 所示。

KUKA smartPAD 可在恶劣的工业环境下持续运行，其触摸屏易于清洁，

KUKA 机器人示教
器操作界面的功能
认知与使用（上）

且防水、防油、防溅锡。

图 1-3 KR C4 控制柜

图 1-4 机器人示教器

1. KUKA smartPAD 概述

KUKA smartPAD 是用于工业机器人的手持编程器。KUKA smartPAD 具有工业机器人操作和编程所需的各种操作和显示功能。

KUKA smartPAD 配备一个触摸屏：KUKA smartHMI，可用手指或指示笔进行操作，无须外部鼠标和外部键盘。

KUKA smartPAD 前面板及后面板的介绍分别如图 1-5 和表 1-2、图 1-6 和表 1-3 所示。

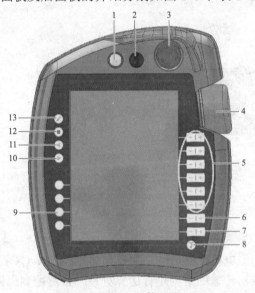

KUKA 机器人示教器操作界面的功能认知与使用（下）

图 1-5 机器人示教器前面板

表 1-2 KUKA smartPAD 前面板按钮

序号	说　　明
1	用于拔下 KUKA smartPAD 的按钮
2	用于调出连接管理器的钥匙开关。只有当钥匙插入时，方可转动开关。可以通过连接管理器切换运行模式
3	紧急停止键。用于在危险情况下关停机器人。紧急停止键在被按下时将自行闭锁

序号	说　明
4	6D 鼠标。用于手动移动机器人
5	移动键。用于手动移动机器人
6	用于设定程序倍率的按键
7	用于设定手动倍率的按键
8	主菜单按键。用来在 KUKA smartHMI 上将菜单项显示出来
9	工艺键。工艺键主要用于设定工艺程序包中的参数。其确切的功能取决于所安装的工艺程序包
10	启动键。通过启动键可启动一个程序
11	逆向启动键。用逆向启动键可逆向启动一个程序。程序将逐步运行
12	停止键。用停止键可暂停正在运行中的程序
13	键盘按键。用于显示键盘。通常不必特地将键盘显示出来，KUKA smartHMI 可识别需要通过键盘输入的情况并自动显示键盘

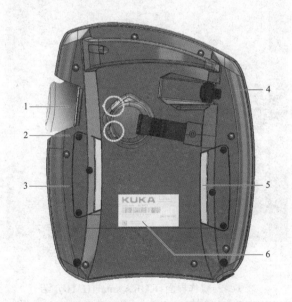

图 1-6　KUKA smartPAD 背面

表 1-3　KUKA smartPAD 后面板介绍

序号	说　明
1，3，5	确认开关。确认开关有 3 个位置： *未按下 *中间位置 *完全按下 在运动方式 T1 及 T2 下，确认开关必须保持中间位置，这样才能移动机器人。 在采用自动运行模式和外部自动运行模式时，确认开关不起作用

序号	说　明
2	启动键。通过启动键，可启动一个程序
4	USB 接口。USB 接口被用于存档/还原等方面工作，仅适于 FAT32 格式的 USB
6	铭牌

2. KUKA smartPAD 示教器的操作界面

操作界面 KUKA smartHMI 如图 1-7 所示，其详细介绍如表 1-4 所示。

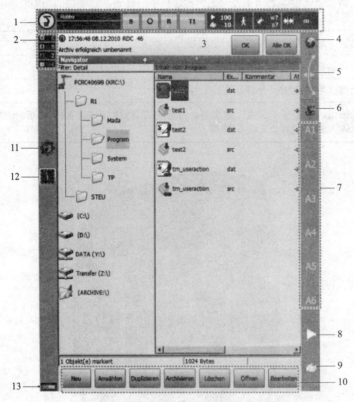

图 1-7　操作界面　KUKA smartHMI

表 1-4　操作界面　KUKA smartHMI 介绍

序号	说　明
1	状态栏
2	提示信息计数器： 提示信息计数器显示每种提示信息类型各有多少条提示信息。触摸提示信息计数器可放大显示
3	信息窗口： 根据默认设置将只显示最后一条提示信息。触摸提示信息窗口可放大该窗口并显示所有待处理的提示信息。 可以被确认的提示信息可用 OK 键确认。所有可以被确认的提示信息可用全部 OK 键一次性全部确认

序号	说　明
4	6D 鼠标的状态显示： 该显示会显示用 6D 鼠标手动移动的当前坐标系。触摸该显示就可以显示所有坐标系并可以选择另一个坐标系
5	显示 6D 鼠标定位： 触摸该显示会打开一个显示 6D 鼠标当前定位的窗口，在窗口中可以修改定位
6	移动键的状态显示： 该显示可显示用移动键手动移动的当前坐标系。触摸该显示就可以显示所有坐标系并可以选择另一个坐标系
7	移动键标记： 如果选择了与轴相关的移动，这里将显示轴号（A1、A2 等）。如果选择了笛卡儿式移动，这里将显示坐标系的方向（X、Y、Z、A、B、C）。 触摸标记会显示选择了哪种运动系统组
8	程序倍率
9	手动倍率
10	按键栏： 这些按键自动进行动态变化，并总是针对 KUKA smartHMI 上当前激活的窗口。 最右侧是按键编辑。用这个按键可以调用导航器的多个指令
11	WorkVisual 图标： 通过触摸图标可至窗口项目管理
12	时钟： 时钟显示系统时间。触摸时钟就会以数码形式显示系统时间以及当前日期
13	显示存在信号： 如果显示如下闪烁，则表示 KUKA smartHMI 激活：左侧和右侧小灯交替发绿光，交替缓慢（约 3 秒）而均匀

3. KUKA smartPAD 键盘

KUKA smartPAD 配备一个触摸屏：KUKA smartHMI，可用手指或指示笔进行操作。KUKA smartHMI 上有一个键盘可用于输入字母和数字。KUKA smartHMI 可识别到什么时候需要输入字母或数字并自动显示键盘。键盘只显示需要的字符。例如，如果需要编辑一个只允许输入数字的栏，则只会显示数字而不会显示字母，如图 1-8 所示。

图 1-8　键盘示例

4. KUKA smartPAD 状态栏

KUKA smartPAD 状态栏显示工业机器人特定中央设置的状态，如图 1-9 所示，详细介绍如表 1-5 所示。多数情况下通过触摸就会打开一个窗口，可在其中更改设置。

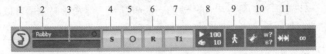

图 1-9 KUKA smartHMI 状态栏

表 1-5 KUKA smartHMI 状态栏介绍

序号	说　　明
1	主菜单按键。用来在 KUKA smartHMI 上将菜单项显示出来
2	机器人名称。机器人名称可以更改
3	如果选择了一个程序，则此处将显示其名称
4	提交解释器的状态显示
5	驱动装置的状态显示。触摸该显示就会打开一个窗口，可在其中接通或关断驱动装置
6	机器人解释器的状态显示。可在此处重置或取消勾选程序
7	当前运行方式
8	POV/HOV 的状态显示。显示当前程序倍率和手动倍率
9	程序运行方式的状态显示。显示当前程序运行方式
10	工具/基坐标的状态显示。显示当前工具和当前基坐标
11	增量式手动移动的状态显示

5. KUKA smartPAD 状态显示

KUKA smartPAD 提交解释器的状态显示说明如表 1-6 所示。

表 1-6 KUKA smartPAD 提交解释器的状态显示

图标	标色	说　　明
S	黄色	选择了提交解释器。语句指针位于所选提交程序的首行
S	绿色	已选择 SUB 程序并且正在运行
S	红色	提交解释器被停止
S	灰色	取消了选择提交解释器

6. KUKA smartPAD 驱动装置的状态显示

KUKA smartPAD 驱动装置的状态显示说明如表 1-7 所示。

表 1-7 KUKA smartPAD 驱动装置的状态显示

状　　态	I（绿色）	I（灰色）	O（灰色）
图标：I	驱动装置已接通。 中间回路已充满电		

续表

图标：O	驱动装置已关断。 中间回路未充电或没有充满电
颜色：绿色	■ 确认开关已按下（中间位置），或不需要确认开关。 ■ 此外：防止机器人移动的提示信息不存在
颜色：灰	■ 确认开关未按下或没有完全按下。 ■ 和/或：防止机器人移动的提示信息存在

1.3.3 KUKA 机器人示教器 KUKA smartPAD 的正确使用方法

示教器是进行机器人的手动操纵、程序编写、参数配置以及监控用的手持装置，为了更好地方便操作，下面介绍如何正确地使用示教器。

1. 如何手持示教器

操作示教器时，通常会手持该设备，将示教器放在左手上，然后用右手在触摸屏上操作（图 1-10）；此款示教器是按照人体工程学设计的，有三个确认开关，同时也适合左利手者操作，使用右手持设备。

2. 正确使用确认开关

确认开关是工业机器人为保证操作人员的人身安全而设计的（图 1-11），只有在按下确认开关（1，3，5），并保持"驱动装置接通"的状态，才可对机器人进行手动操作与程序的调试。当发生危险时，人会本能地将确认开关松开或按紧，机器人则会马上停下来，从而保证安全。

图 1-10 示教器的手持方法

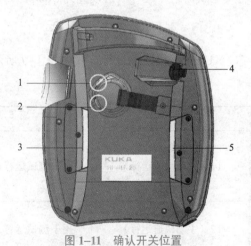

图 1-11 确认开关位置

1，3，5—确认开关；2—启动键；4—USB 接口

1.3.4 KUKA 机器人用户组介绍

在 KUKA 机器人系统中，为了更好地方便用户管理，可以根据不同权限的用户组选择不同功能。例如，机器人的基本操作可以在操作人员用户组下进行；激活和配置机器人的安全配置需在安全维护人员用户组下进行。具体用户组权限如表 1-8 所示。

表 1-8 用户组权限

用户组	说　明
操作人员	操作人员用户组，此为默认用户组
用户	操作人员用户群（在默认设置中操作人员和应用人员的目标群是一样的）
专家	程序员用户组。此用户组通过一个密码进行保护
安全维护人员	调试人员用户群，该用户可以激活和配置机器人的安全配置。此用户组通过一个密码进行保护
安全投入运行人员	调试人员用户群，该用户可以激活和配置机器人的安全配置。此用户组通过一个密码进行保护
管理员	功能与专家用户组一样，另外可以将插件（Plug-Ins）集成到机器人控制系统中。此用户组通过一个密码进行保护

默认密码为"kuka"。

新启动时将选择默认用户组。

如果要切换至 AUT（自动）运行方式或 AUT EXT 运行方式（外部自动运行），则机器人控制器将出于安全原因切换至默认用户组。如果希望选择另外一个用户组，则需此后进行切换。

如果在一段固定时间内未在操作界面进行任何操作，则机器人控制系统出于安全原因将切换至默认用户组。默认设置为 300 s。

1.3.5　KUKA 机器人的运行方式

KUKA 机器人的运行方式如表 1-9 所示。

表 1-9 运行方式

运行方式	使　用	速　度
T1（手动慢速运行）	用于测试运行、编程和示教	程序验证： 程序编定的速度，最高 250 mm/s 手动运行： 手动运行速度，最高 250 mm/s
T2（手动快速运行）	用于测试运行	程序验证： 编程的速度 手动运行：不可行
AUT（自动运行）	用于不带上级控制系统的工业机器人	编程运行： 编程的速度 手动运行：不可行
AUT EXT（外部自动运行）	用于带有上级控制系统（例如 PLC）的工业机器人	编程运行： 编程的速度 手动运行：不可行

1.3.6 KUKA 机器人坐标系的介绍

工业机器人的运动实质是根据不同的作业内容、轨迹要求，在各种坐标系下运动。换句话说，对机器人进行示教或手动操作时，其运动方式是在不同坐标系下进行的。在 KUKA 机器人中有世界坐标系、ROBROOT 坐标系、基础坐标系、工具坐标系，如图 1–12 所示。

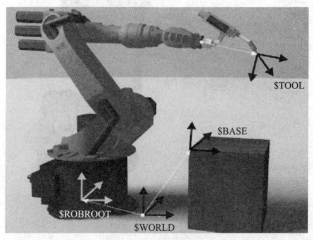

KUKA 机器人
坐标系的认知

图 1–12 坐标系概述

1. 世界坐标系（WORLD）

世界坐标系是一个固定定义的笛卡儿坐标系，是用于 ROBROOT 坐标系和基础坐标系的原点坐标系。

在默认配置中，世界坐标系位于机器人足部。

2. ROBROOT 坐标系

ROBROOT 坐标系是一个笛卡儿坐标系，固定位于机器人足部。它可以根据世界坐标系说明机器人的位置。

在默认配置中，ROBROOT 坐标系与世界坐标系是一致的。用 ROBROOT 坐标系可以定义机器人相对于世界坐标系的移动。

3. 基础坐标系（BASE）

基础坐标系是一个笛卡儿坐标系，用来说明工件的位置。它以世界坐标系为参照基准。

4. 工具坐标系（TOOL）

工具坐标系是一个笛卡儿坐标系，位于工具的工作点中。

在默认配置中，工具坐标系的原点在法兰中心点上（因而被称作法兰坐标系）。工具坐标系由用户移入工具的工作点。

1.3.7 了解 KUKA 机器人的手动操纵

机器人的运动可以是步进的，也可以是连续的；可以是关节独立的，也可以是多关节协调的。这些运动实现均通过示教器来完成。KUKA 机器人手动操纵的模式一共有三种：关节运动、线性运动、重定位运动。

1. 关节运动

KUKA 机器人是由六个伺服电机分别驱动机器人的六个关节轴，那么每次操纵一个关节轴的运动称为关节运动，也叫单轴运动（图 1-13）。

图 1-13　关节运动

2. 线性运动

机器人的线性运动是指安装在机器人第六轴法兰盘上的工具 TCP 沿坐标系的坐标轴（X、Y、Z）方向的运动（图 1-14）。

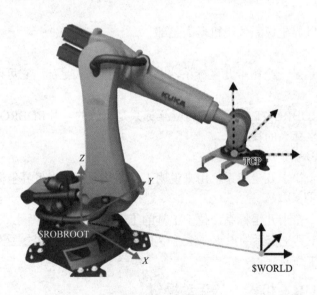

图 1-14　线性运动

3. 重定位运动

机器人的重定位运动是指安装在机器人第六轴法兰盘上的工具 TCP 绕着坐标系的坐标轴（X、Y、Z）旋转运动（图 1-15）。

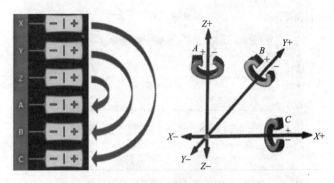

图 1-15　重定位运动

1.4　任务实现

1.4.1　更换机器人用户组

（1）在主界面选择"配置"，在配置下选择"用户组"，如图 1-16 所示。

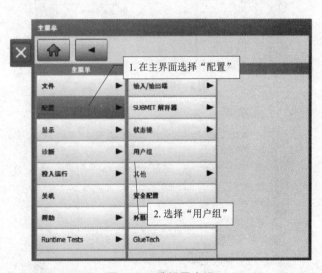

图 1-16　选择用户组

（2）选择相应的用户组，输入密码登录，如图 1-17 所示。

1.4.2　KUKA smartPAD 操作界面语言的设定

KUKA 机器人示教器操作界面提供了很多种语言，为了更好地方便用户操作使用，下面介绍设定显示语言的操作步骤。

（1）在主菜单中选择配置→其他→语言，如图 1-18 所示。

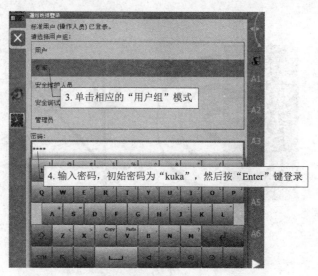

图 1-17　输入密码

图 1-18　选择语言

（2）选择语言，如图 1-19 所示。

图 1-19　选择语言

1.4.3 设置 KUKA 机器人的运行方式

KUKA 机器人的运行方式有四种：分别是 T1（手动慢速运行）、T2（手动快速运行）、AUT（自动运行）、AUT EXT（外部自动运行）。下面介绍如何切换机器人的运行方式，具体步骤如下：

（1）在 KCP 上转动用于连接管理器的开关（即模式开关），连接管理器随即显示，如图 1-20 所示。

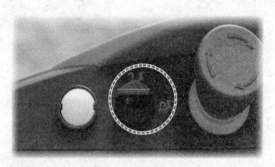

图 1-20　模式开关

（2）选择运行方式，如图 1-21 所示。

图 1-21　选择运行方式

（3）将用于连接管理器的开关再次转回初始位置，所选的运行模式会显示在 KUKA SmartPAD 的状态栏中，如图 1-22 所示为 T1 模式。

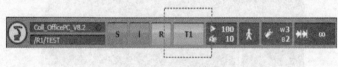

图 1-22　运行模式

1.4.4 KUKA 机器人的单轴运动

KUKA 机器人是由六个伺服电机分别驱动机器人的六个关节轴，那么每次操纵一个关节轴的运动称为关节运动，也叫单轴运动。下面介绍通过示教器单轴移动机器人，具体步骤如下：

（1）选择轴作为移动键的选项，如图 1-23 所示。

KUKA 机器人的
手动操作

15

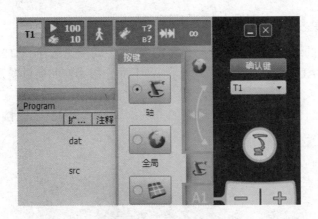

图 1-23　选择轴

（2）设置手动倍率。图 1-24 中的"1"为调节按钮，可选择采用程序调节量还是手动调节量，但两者的倍率是不同的，前者是以 100%计，后者以 10%计。

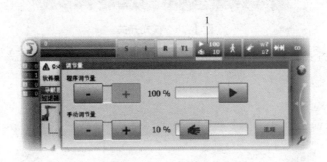

图 1-24　设置手动倍率

（3）将确认开关按至中间挡位并保持按住，如图 1-25 所示。

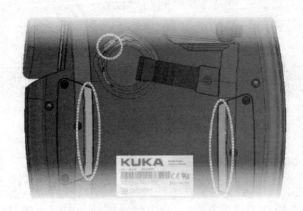

图 1-25　确认开关操作

（4）在移动键旁边即显示轴 A1～A6，如图 1-26 所示，按下正或负移动键，以使轴朝正方向或反方向运动。

图 1-26　移动键操作

1.4.5　KUKA 机器人在世界坐标系运动

（1）通过移动滑动调节器"1"来调节 KCP 的位置，如图 1-27 所示。

图 1-27　滑动调节器

（2）选择世界坐标系作为 6D 鼠标的选项，如图 1-28 所示。

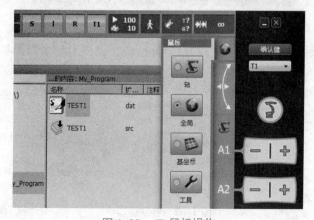

图 1-28　6D 鼠标操作

（3）设置手动倍率，如图 1-29 所示。

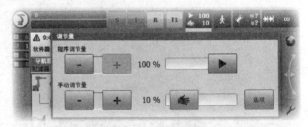

图 1-29　设置手动倍率

（4）将确认开关按至中间挡位并保持按住，如图 1-30 所示。

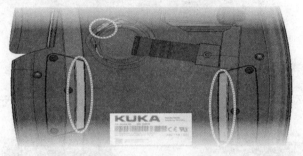

图 1-30　确认开关操作

（5）用 6D 鼠标将机器人朝所需方向移动，如图 1-31 所示。

图 1-31　6D 鼠标操作

（6）此外也可使用移动键（图 1-32），需提前选择世界坐标系作为移动键的选项。

图 1-32　移动键操作

1.4.6 KUKA 机器人在工具坐标系运动

（1）选择工具作为所用的坐标系，如图 1-33 所示。

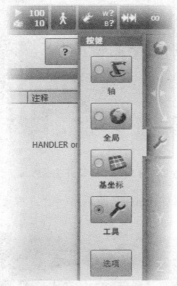

图 1-33 选择工具

（2）选择工具编号，如图 1-34 所示。

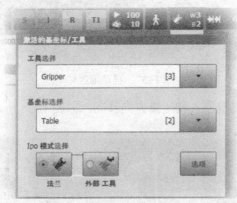

图 1-34 选择工具编号

（3）设置手动倍率，如图 1-35 所示。

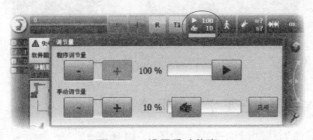

图 1-35 设置手动倍率

（4）按下确认开关的中间位置并保持按住，如图1-36所示。

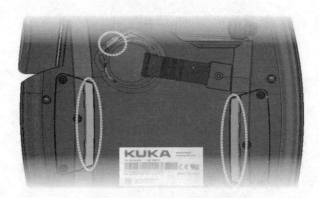

图1-36 确认开关操作

（5）用移动键移动机器人，如图1-37所示。

图1-37 移动键操作

（6）或者用6D鼠标将机器人朝所需方向移动，如图1-38所示。

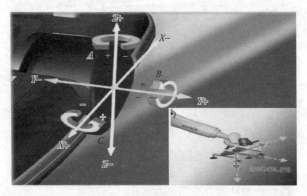

图1-38 6D鼠标操作

1.4.7 KUKA机器人在基坐标系运动

（1）选择基坐标作为移动键的选项，如图1-39所示。

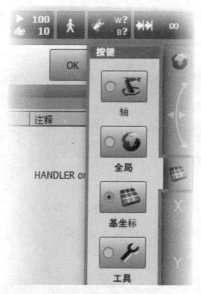

图 1-39 选择基坐标

（2）选择工具和基坐标，如图 1-40 所示。

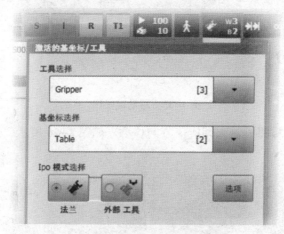

图 1-40 选择工具和基坐标

（3）设置手动倍率，如图 1-41 所示。

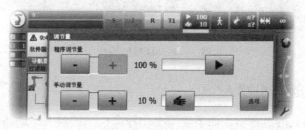

图 1-41 设置手动倍率

21

（4）将确认开关按至中间挡位并保持按住，如图 1-42 所示。

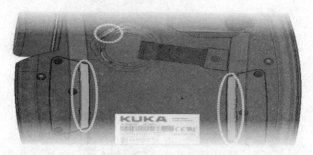

图 1-42 确认开关操作

（5）用移动键沿所需的方向移动，如图 1-43 所示。

图 1-43 移动键操作

（6）或者用 6D 鼠标将机器人朝所需方向移动，如图 1-44 所示。

图 1-44 6D 鼠标操作

1.4.8 增量式运行机器人

在手动操纵机器人的过程中，如果使用操作杆来控制机器人运动速度不熟练，那么可以使用"增量"模式来控制机器人的运动。在增量模式下，操作杆每移动一下，机器人就移动一步。如果保持操作杆移动一秒或数秒钟，机器人就会持续移动。下面介绍一下增量模式的使用。

（1）选择增量式手动移动，设置增量，如图 1-45 所示。

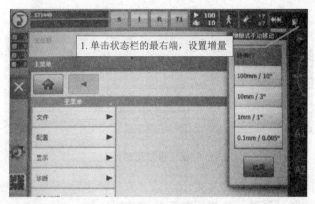

图 1-45　设置增量

（2）选择相应的坐标系，用移动键沿所需的方向移动，如图 1-46 所示。

图 1-46　移动键操作

（3）或者用 6D 鼠标将机器人朝所需方向移动，如图 1-47 所示。

图 1-47　6D 鼠标操作

1.4.9 查看 KUKA 机器人状态信息

通过示教器查看机器人的状态信息，具体操作步骤如下：

（1）查看信息类型，如图 1–48 所示。

图 1–48 查看信息类型

① 状态信息窗口：显示当前信息提示。

② 信息提示计数器：每种信息提示类型的信息提示数。

（2）对信息进行确认，如图 1–49 所示。

图 1–49 信息确认

① 触摸信息窗口（1 处）以展开信息提示列表。

② 确认：

用"OK"（2 处）来对各条信息提示逐条进行确认；

或者用"全部 OK"（3 处）来对所有信息提示进行确认。

③ 再触摸一下最上边的一条信息提示或按屏幕左侧边缘上的"×"将关闭信息提示列表。

1.4.10 KUKA 机器人的零点标定

1. 零点标定原理

KUKA 机器人
零点标定

KUKA 机器人的六个关节轴都有一个机械原点位置（图 1–50）。在以下的情况，需要对机械原点的位置进行零点标定，因为只有这样，机器人才能达到它最高的点精度和轨迹精度或者能够完全以编程设定的动作运动。

① 对参与定位值感测的部件（例如带分解器或 RDC 的电机）采取了维护措施；

② 机器人的关节轴进行了机械修理，如更换齿轮箱；

③ 未用控制器使机器人关节轴发生移动；

④ 以高于 250 mm/s 的速度上行移至一个终端止挡之后，发生碰撞。

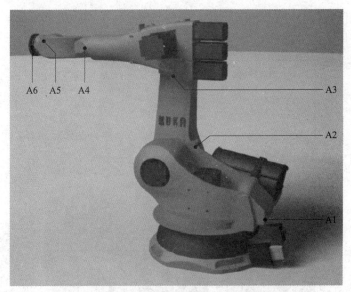

图 1-50 机器人机械原点位置示意图

完整的零点标定过程包括为每一个轴标定零点。通过技术辅助工具 EMD（Electronic Mastering Device，电子控制仪）可为任何一个在机械零点位置的轴指定一个基准值（例如 0°）。因为这样就可以使轴的机械位置和电气位置保持一致，所以每一个轴都有一个唯一的角度值，如表 1-10 所示。所有机器人的零点标定位置校准都一样，但不完全相同，精确位置在同一机器人型号的不同机器人之间也会有所不同。如果机器人轴未经零点标定，则会严重限制机器人的功能：

① 无法编程运行：不能沿编程设定的点运行。

② 无法在手动运行模式下手动平移：不能在坐标系中移动。

③ 软件限位开关关闭。

表 1-10 机械零点位置的角度值（=基准值）

轴	"Quantec" 代机器人	其他机器人型号（例如：2000、KR 16 系列等）
A1	−20°	0°
A2	−120°	−90°
A3	+120°	+90°
A4	0°	0°
A5	0°	0°
A6	0°	0°

2. 使用 EMD 进行零点标定

机器人的零点标定可以通过辅助工具 EMD 确定轴的机械零点的方式进行，在此过程中轴将一直运动，直至达到机械零点为止。这种情况出现在探针到达测量槽最深点时。因此，每根轴都配有一个零点标定套筒和一个零点标定标记。通过固定在法兰处的工具重量，机器人承受着静态载荷。由于部件和齿轮箱上材料固有的弹性，未承载的机器人与承载的机器人相比其位置上会有所区别。这些相当于几个增量的区别将影响到机器人的精确度。零点标定的途径如图 1–51 所示。

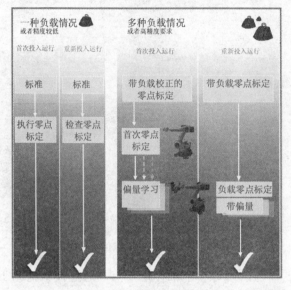

图 1–51 零点标定途径

下面介绍机器人首次标定零点的操作步骤：

（1）将机器人移到预零点标定位置，如图 1–52 所示。

图 1–52 预零点标定

（2）在主菜单中选择投入运行→零点标定→EMD→带负载校正→首次零点标定。一个窗口自动打开。所有待零点标定的轴都显示出来。编号最小的轴已被选定，如图 1–53 所示。

图 1–53 零点标定

（3）从窗口中选定的轴上取下测量筒的防护盖（翻转过来的 EMD 可用作螺丝刀）。将 EMD 拧到测量筒上，如图 1-54 所示。

图 1-54 EMD 拧到测量筒上

（4）然后将测量导线连到 EMD 上，并连接到机器人接线盒的接口 X32 上，如图 1-55 所示。

图 1-55 EMD 连接机器人接口 X32

（5）单击零点标定。

（6）将确认开关按至中间挡位并保持按住，然后按下并按住启动键，如图 1-56 所示。

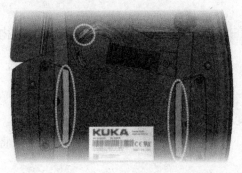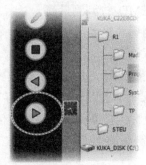

图 1-56 示教器启动键

如果 EMD 通过了测量切口的最低点，则已到达零点标定位置，机器人自动停止运行。数值被储存。该轴在窗口中消失。

（7）将测量导线从 EMD 上取下。然后从测量筒上取下 EMD，并将防护盖重新装好。

（8）对所有待零点标定的轴重复步骤（2）至（5）。

（9）关闭窗口。

（10）将测量导线从接口 X32 上取下。

下面介绍偏量学习操作步骤：

（1）将机器人置于预零点标定位置。

（2）在主菜单中选择投入运行→零点标定→EMD→带负载校正→偏量学习。

（3）输入工具编号。用工具 OK 确认。随即打开一个窗口。所有工具尚未学习的轴都显示出来。编号最小的轴已被选定。

（4）从窗口中选定的轴上取下测量筒的防护盖。将 EMD 拧到测量筒上。然后将测量导线连到 EMD 上，并连接到底座接线盒的接口 X32 上。

（5）按学习键。

（6）按确认开关和启动键。当 EMD 识别到测量切口的最低点时，则已到达零点标定位置。机器人自动停止运行。随即打开一个窗口。该轴上与首次零点标定的偏差以增量和度的形式显示出来。

（7）按 OK 键确认，该轴在窗口中消失。

（8）将测量导线从 EMD 上取下。然后从测量筒上取下 EMD，并将防护盖重新装好。

（9）对所有待零点标定的轴重复步骤（3）至（7）。

（10）关闭窗口。

（11）将测量导线从接口 X32 上取下。

下面介绍带偏量的负载零点标定检查/设置的操作步骤：

（1）将机器人移到预零点标定位置。

（2）在主菜单中选择投入运行→零点标定→EMD→带负载校正→负载零点标定→带偏量。

（3）输入工具编号。用工具 OK 确认。

（4）取下接口 X32 上的盖子，然后将测量导线接上。

（5）从窗口中选定的轴上取下测量筒的防护盖（翻转过来的 EMD 可用作螺丝刀）。

（6）将 EMD 拧到测量筒上。

（7）将测量导线接到 EMD 上。在此过程中，将插头的红点对准 EMD 内的槽口。

（8）按下检查。

（9）按住确认开关并按下启动键。

（10）需要时，使用保存键来储存这些数值。旧的零点标定值因而被删除。如果要恢复丢失的首次零点标定，必须保存这些数值。

（11）将测量导线从 EMD 上取下。然后从测量筒上取下 EMD，并将防护盖重新装好。

（12）对所有待零点标定的轴重复步骤（4）至（10）。

（13）关闭窗口。

（14）将测量导线从接口 X32 上取下。

3. 使用千分表进行零点标定

机器人的零点标定也可以使用千分表进行调整（图1-57），使用千分表调整时由用户手动将机器人移动至调整位置。必须带负载调整。此方法无法将不同负载的多种调整都储存下来。

（1）在主菜单中选择投入运行→调整→千分表。一个窗口自动打开。所有未经调整的轴均会显示出来。必须首先调整的轴被标记出。

（2）从轴上取下测量筒的防护盖，将千分表装到测量筒上。用内六角扳手松开千分表颈部的螺栓。转动表盘，直至能清晰读数。将千分表的螺栓按入千分表直至止挡处。用内六角扳手重新拧紧千分表颈部的螺栓。

图 1–57　千分表零点标定

（3）将手动倍率降低到 1%。

（4）将轴由"+"向"–"运行。在测量切口的最低位置即可以看到指针反转处，将千分表置为零位。如果无意间超过了最低位置，则将轴来回运行，直至达到最低位置。至于是由"+"向"–"或由"–"向"+"运行则无关紧要。

（5）重新将轴移回预调位置。

（6）将轴由"+"向"–"运动，直至指针处于零位前 5～10 个分度。

（7）切换到增量式手动运行模式。

（8）单击零点标定。已调整过的轴从选项窗口中消失。

（9）从测量筒上取下千分表，将防护盖重新装好。

（10）由增量式手动运行模式重新切换到普通正常运行模式。

（11）对所有待零点标定的轴重复步骤（2）至（11）。

（12）关闭窗口。

1.5　考核评价

任务一　熟悉示教器 KUKA smartPAD 的使用

要求：能够熟练地掌握 KUKA 机器人示教器 KUKA smartPAD 的使用，熟悉示教器的操作界面，能用专业语言正确、流利地展示配置的基本步骤，思路清晰、有条理，能圆满回答老师与同学提出的问题，并能提出一些新的建议。

任务二　熟练地掌握在手动运行模式下移动机器人

要求：熟练地掌握在手动操纵模式下移动机器人，能够正确使用关节运动、线性运动、重定位运动相结合去移动机器人等，能用专业语言正确、流利地展示配置的基本步骤，思路清晰、有条理，能圆满回答老师与同学提出的问题，并能提出一些新的建议。

任务三　熟悉机器人各个轴的原点位置，学会零点标定的方法

要求：熟悉机器人各个轴的原点位置，当机器人需要进行零点标定时，能够熟练进行零

点标定，能用专业语言正确、流利地展示配置的基本步骤，思路清晰、有条理，能圆满回答老师与同学提出的问题，并能提出一些新的建议。

1.6 扩展提高

任务 调整机器人的姿态，准确地移动到目标点

要求：熟悉机器人的手动操作，根据要求，使用合理的姿态，手动移动机器人至目标点。

KUKA 机器人的输入/输出介绍与配置

2.1 项目描述

本项目的主要学习内容包括：了解 KUKA 机器人 WorkVisual 软件介绍；了解 KUKA 机器人输入/输出接口的介绍；了解 KUKA 机器人数字量输入/输出和模拟量输入/输出介绍、系统信号与输入/输出的关联等。

2.2 教学目的

通过本项目的学习让学生了解 KUKA 机器人 WorkVisual 软件及使用 WorkVisual 软件配置输入/输出，了解 KUKA 机器人的输入/输出硬件接线方法，使用 KUKA smartPAD 对输入/输出信号进行监控与仿真，配置外部自动运行接口的输入/输出端等。本项目的内容主要是关于 KUKA 机器人的输入/输出的，配置环节很多，学生可以按照本项目所讲的配置步骤同步操作，为后续学习更加复杂的内容打下坚实的基础。

2.3　知 识 准 备

2.3.1　WorkVisual 软件介绍

1. WorkVisual 软件安装

PC 系统要求：

（1）硬件（最低要求）：

■ 具有奔腾 4 (Pentium IV) 处理器的 PC，至少 1 500 MHz；

■ 512 MB 内存；

■ 与 DirectX8 兼容的显卡，分辨率为 1 024×768 个像素推荐的要求。

或

■ 具有奔腾 4（Pentium IV）处理器的 PC，2 500 MHz；

■ 1 GB 内存；

■ 与 DirectX8 兼容的显卡，具有 1 280×1 024 个像素的分辨率。

（2）软件：

■ Windows 7：32 位版本和 64 位版本均可使用。

或者：

■ Windows XP：32 位版本，至少带有 ServicePack 3，无法使用 64 位版本。

如果要将 Multiprog 连到 WorkVisual 上：

■ KUKA.PLC Multiprog 5–35 4.0 必须已安装。

■ Multiprog 必须已获得许可。

操作步骤：

（1）启动程序 setup.exe。

（2）如果 PC 上还缺少以下组件，则将打开相应的安装助手：

□ .NET Framework 2.0、3.0 和 3.5

按照安装助手的指示逐步进行操作，安装 .NET Framework。

（3）如果 PC 上还缺少以下组件，则将打开相应的安装助手：

□ SQL Server Compact 3.5

按照安装助手的指示逐步进行操作，SQL Server Compact 3.5 即被安装。

（4）如果 PC 上还缺少以下组件，则将打开相应的安装助手：

□ Visual C++ Runtime Libraries

□ WinPcap

按照安装助手的指示逐步进行操作，Visual C++ Runtime Libraries 和/或 WinPcap 即被安装。

（5）窗口 WorkVisual [⋯] 设置打开，如图 2–1 所示。单击"Next"按钮。

（6）接受许可证条件并单击"Next"按钮。

（7）单击所需的安装类型。

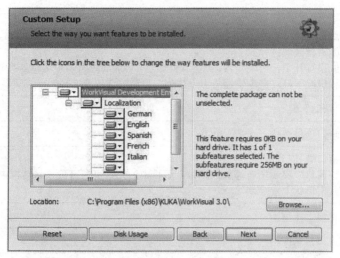

图 2-1 窗口用户设置

2. WorkVisual 软件基本操作

在默认状态下，并非所有单元都显示在操作界面上，而是可根据需要显示或隐藏。除了图 2-2 所示的窗口和编辑器之外，还有更多可供选用。这些可通过菜单项窗口和编辑器显示。操作界面及按键栏说明详见表 2-1 和表 2-2。

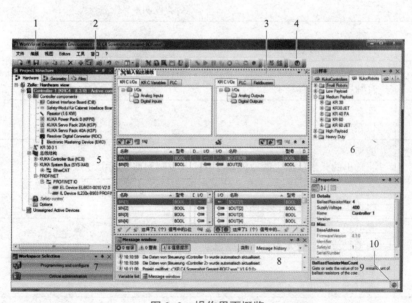

图 2-2 操作界面概览

表 2-1 操作界面说明

序号	说　　明
1	菜单栏
2	按键栏

序号	说　　明
3	编辑器区域： 如果打开了一个编辑器，则将在此显示。可能同时有多个编辑器打开（如此处示例中），这种情况下，这些编辑器将上下排列，可通过选项卡选择当前编辑器
4	"帮助"键
5	窗口项目结构
6	窗口编目： 该窗口中显示所有添加的编目。编目中的元素可在窗口项目结构中添加到选项卡设备或几何形状上
7	窗口工作范围
8	窗口信息提示
9	窗口属性： 若选择了一个对象，则在此窗口中显示其属性。属性可变。灰色栏目中的单个属性不可改变
10	图标 WorkVisual 项目分析

表 2-2　按键栏说明

按键	名称/说明
	新建…： 打开一个新的空项目
	打开： 打开项目资源管理器
	保存： 保存项目
	剪切： 将选出的元素从原先的位置删除并将其复制到剪贴板中
	复制： 将选出的元素复制到剪贴板中
	粘贴： 将剪切或复制的元素粘贴到标记处
	删除： 删除选定的元素
	打开节点添加对话框： 打开一个窗口，在其中可选择元素并添加到树形结构中。哪些元素可用，取决于在树形结构中选中了什么。 只有在窗口项目结构的选项卡设备或文件中选定了一个元素时，该按键才激活
	设为激活的控制系统/取消作为激活的控制系统，将一个机器人控制系统设为激活/未激活。 按钮仅当窗口项目结构中选中了机器人控制系统时才激活

按键	名称/说明
	配置建议...: 打开窗口,在该窗口中 WorkVisual 建议的完整硬件配置与现有运动系统相匹配。用户可以选择,哪些建议与实际配置相符,然后将该配置应用到项目中
	撤销: 撤销上一步动作
	还原: 恢复撤销的动作
	设置...: 打开具有设备数据的窗口。 只有在窗口项目结构的选项卡设备中选定了一个设备时,该按键才激活
	建立与设备的连接: 建立与现场总线设备的连接。 只有在窗口项目结构的选项卡设备中选定了现场总线主机时,该按键才激活
	断开与设备的连接: 断开与现场总线设备的连接
	拓扑扫描...: 对总线进行扫描
	取消上一动作: 取消特定的操作,如总线扫描。 该按钮仅当正在进行的动作可以取消时才激活
	监控: 目前未配置功能
	诊断...: 目前未配置功能
	记录网络捕获...: WorkVisual 可以记录机器人控制系统接口的通信数据。使用该按钮打开所属的数据窗口
	安装...: 将项目传输到机器人控制系统中
	生成代码
	接线编辑器: 打开窗口输入/输出接线
	控制系统的本机安全配置: 打开当前机器人控制系统的本机安全配置
	驱动装置配置: 打开用于调整驱动通道的图形编辑器

续表

按键	名称/说明
KRL	KRL 编辑器： 打开在 KRL 编辑器中选中的文件。 只有在窗口项目结构的选项卡文件中选定了一个可用 KRL 编辑器打开的文件，该按键才激活
	长文本编辑器： 打开窗口长文本编辑器
	帮助： 打开帮助
以下按键仅在工作范围在线管理内	
	打开窗口在线系统信息
	打开窗口诊断显示器
	打开窗口测量记录配置
	打开窗口测量记录分析
	打开窗口 Log 显示

2.3.2　KUKA 机器人输入/输出接口的介绍

1. 数字输入/输出模块

数字输入/输出模块由以下组件组成：EtherCAT 总线耦合器；16 个 EtherCAT 输入端子；16 个 EtherCAT 输出端子；EtherCAT 总线末端端子模块。示意图及实物图如图 2-3 和图 2-4 所示。

KUKA 机器人输入
输出接口的认知

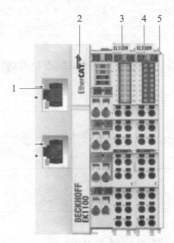

图 2-3　数字输入/输出模块 16/16 示意图

1—KEI 接口；2—EK1100 EtherCAT 总线耦合器 A30；3—EL1809 输入端子 A34；
4—EL2809 输出端子 A35；5—EL9011 总线末端端子模块

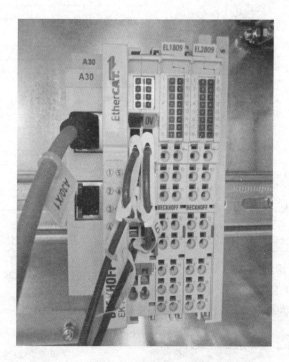

图 2-4 数字输入/输出模块 16/16 实物图

2. 数字输入/输出端子介绍

数字输入/输出端子如图 2-5～图 2-8 所示。

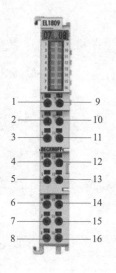

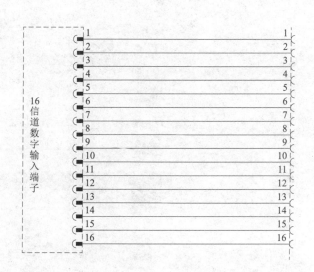

图 2-5 EL1809 输入端子

图 2-6 输入端子

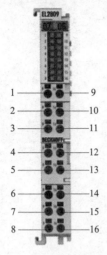

图 2-7　EL2809 输出端子

图 2-8　输出端子

3. 数字输入/输出接线方式

如图 2-9 所示，KUKA 机器人 I/O 口为 PNP 型，即高电平有效，所以输入为高电平，输出也是高电平。

2.3.3　数字量输入/输出介绍

1. EL1809、EL2809 输入/输出介绍

EL1809 提供 16 个通道的数字量输入信号，直流 24 V，如图 2-10 所示。

① 输入接线方式
以输入端子1为例：

② 输出接线方式
以输出端子1为例：

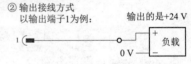

图 2-9　输入/输出接线方式

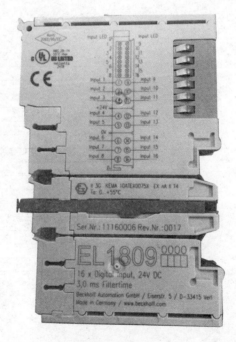

图 2-10　EL1809

　　EL2809 如图 2-11 所示,它提供 16 个通道的数字量输出信号,直流 24 V,输出电流最大为 0.5 A,驱动负载时电流若大于 0.5 A,则有可能损坏输出点位,使用时应特别注意。

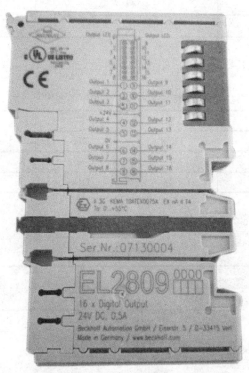

图 2-11　EL2809

2. 8/8 防短路数字输入/输出的介绍

8/8 防短路数字输入/输出模块如图 2-12 所示。

图 2-12　8/8 防短路数字输入/输出模块

1—电源接口 X2;2—EtherCAT 接口 X1;3—数字输出接口 X3;
4—数字输入和输出接口 X4;5—数字输出接口 X5

数字输出端子 X3 详细介绍如表 2-3 所示。

表 2–3　X3 端子

端子号	1	2	3	4	5
信号	DO1	DO2	DO3	DO4	DO5
端子号	6	7	—	—	—
信号	DO6	0 V	—	—	—

数字输入和输出端子 X4 详细介绍如表 2–4 所示。

表 2–4　X4 数字输入和输出端子

端子号	1	2	3	4	5
信号	DO7	DO8	DI1	DI2	DI3
端子号	6	7	8	9	10
信号	DI4	DI5	DI6	24 V	0 V

数字输入端子 X4 详细介绍如表 2–5 所示。

表 2–5　X4 输入端子

端子号	1	2
信号	DI7	DI8

2.3.4　模拟量输入/输出介绍

模拟量输入以 KL3064（图 2–13）为例，KL3064 提供 4 个通道的模拟量输入，模拟量电压范围为 0～10 V。如果需要模拟量输入类型为电流，KL3064 提供了 4 个通道的模拟量输入，模拟量电流范围为 4～20 mA。

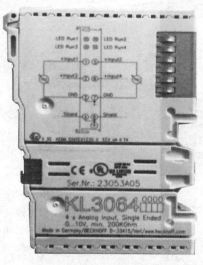

图 2–13　KL3064

模拟量输出以 KL4004（图 2-14）为例，KL4004 提供 4 个通道的模拟量输出，模拟量电压范围为 0~10 V。

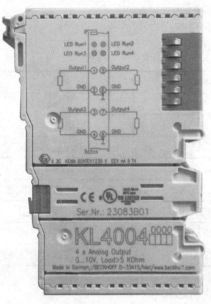

图 2-14　KL4004

2.3.5　系统信号与输入/输出的关联

1. 系统输入事件

系统输入事件如表 2-6 所示。

表 2-6　系统输入事件

序号	名　称	说　明	值
1	PGNO	当前程序号	
2	PGNO_TYPE	程序号类型	
3	PGNO_LENGTH	程序号位字节宽度	
4	PGNO_FBIT	程序编号第一位	
5	PGNO_PARITY	奇偶位	
6	PGNO_VALID	程序编号有效	
7	$EXT_START	程序启动	
8	$MOVE_ENABLE	运行开通	
9	$CONF_MESS	错误确认	
10	$DRIVES_OFF	驱动器关闭	
11	$DRIVES_ON	驱动装置接通	
12	$I_O_ACT	激活接口	

　　"值"一栏根据实际情况写入机器人，以 $DRIVES_ON 驱动装置接通为例，把 $DRIVES_ON 的值设为 1，当给输入端子 1 指定的信号时，机器人驱动装置接通。

　　2. 系统输出事件

　　（1）启动条件，如表 2-7 所示。

表 2-7　启动条件

序号	名　　称	说　明	值
1	$RC_RDY1	控制器就绪	
2	$ALARM_STOP	紧急关断环路关闭	
3	$USER_SAF	操作人员防护装置关闭	
4	$PERI_RDY	驱动装置处于待机运行状态	
5	$ROB_CAL	机器人已校准	
6	$I_O_ACTCONF	接口激活	
7	$STOPMESS	集合故障	
8	$ALARM_STOP_	内部紧急关断	

　　（2）程序状态，如表 2-8 所示。

表 2-8　程序状态

序号	名　　称	说　明	值
1	$PRO_ACT	程序激活	
2	PGNO_REQ	程序编号请求	
3	APPL_RUN	应用程序正在运行	
4	$PRO_MOVE	程序移动激活	

　　（3）机器人位置，如表 2-9 所示。

表 2-9　机器人位置

序号	名　　称	说　明	值
1	$IN_HOME	位于起始位置	
2	$IN_HOME1	第一个起始位置	
3	$IN_HOME2	第二个起始位置	
4	$IN_HOME3	第三个起始位置	
5	$IN_HOME4	第四个起始位置	
6	$IN_HOME5	第五个起始位置	
7	$ON_PATH	机器人在轨迹上	
8	$NEAR_POSRET	机器人在轨迹附近	
9	$ROB_STOPPED	机器人不在运行状态	

（4）运行方式，如表 2-10 所示。

表 2-10　运行方式

序号	名　称	说　明	值
1	$T1	测试 1 运行	
2	$T2	测试 2 运行	
3	$AUT	自动运行	
4	$EXT	外部自动运行	

2.4　任务实现

2.4.1　WorkVisual 软件安装

首先解压 WorkVisual 的压缩包，然后单击 "setup" 图标，如图 2-15 所示。

图 2-15　安装包

单击 "Next" 按钮准备安装，如图 2-16 所示。

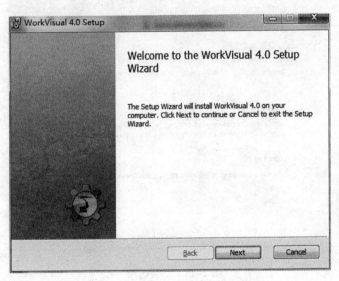

图 2-16　安装介绍

仔细查看条款无误后，选中接受条款，然后单击 "Next" 按钮，如图 2-17 所示。

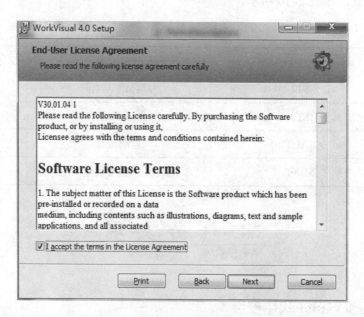

图 2–17　安装条款

Typical：典型安装，Custom：自定义安装，Complete：完整安装，如图 2–18 所示。单击"Complete"按钮进行完整安装。

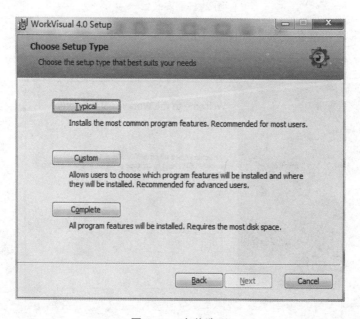

图 2–18　安装选项

单击"Complete"按钮进行完整安装，如图 2–19 所示。

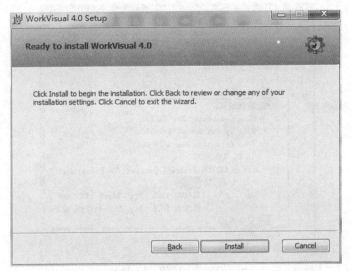

图 2-19　准备安装

等待安装完后，单击"Finish"按钮完成，如图 2-20 所示。

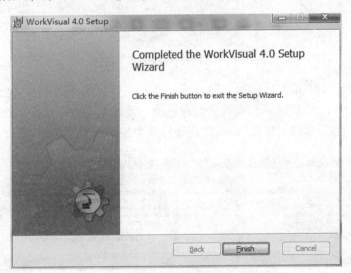

图 2-20　安装完成

2.4.2　使用 WorkVisual 配置数字输入/输出

1. 配置数字输入信号

首先将机器人与电脑连接，然后打开总线结构，可以查看到 EBus 下有个 EL1809 和 EL2809，如图 2-21 所示，EL1809 提供 16 通道的数字输入，EL2809 提供 16 通道的数字输出。如果 EBus 下未找到 EL1809 和 EL2809，选中 EBus，单击右键即出现 DTM 选择，找到 EL1809 和 EL2809 并单击"OK"键，添加到 EBus 下即可。

KUKA 机器人数字量输入输出认知及配置（上）

KUKA 机器人数字量输入输出认知及配置（下）

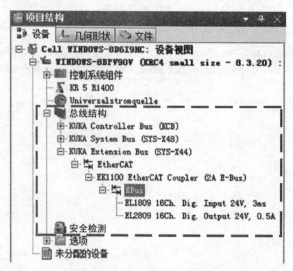

图 2-21　EL1809、EL2809

然后打开按键栏中的"打开接线编辑器"按钮，如图 2-22 所示。

图 2-22　"打开接线编辑器"按钮

按图 2-23 所示，单击 A 区的数字输入端，再单击 B 区的 EL1809，就会出现 C 区（断开）和 D 区（连接），在 D 区内如有箭头为灰色的，就表示本组信号没有连接，需选中本组信号并单击右键，然后单击"连接"，成功连接后就会显示在 C 区。

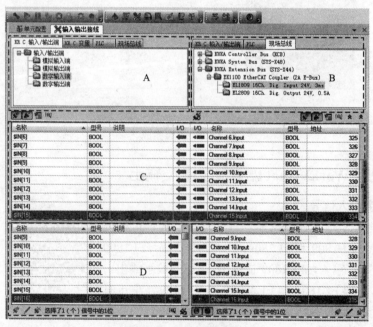

图 2-23　连接步骤说明

左端 KR C 数字输入端有 4 096 个（$IN[1]～$IN[4096]），右端 EL1809 数字输入端有 16 个（Channel 1.Input～Channel 16.Input），根据实际要求，单击鼠标右键，将对应的输入端连接起来，如图 2-24 所示。

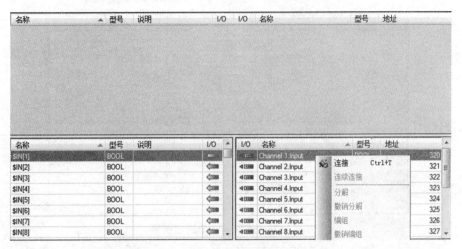

图 2-24　连接输入信号

全部连接完后（图 2-25），在图 2-23 所示的 C 区中，可以检查配置成功的 I/O 信号。

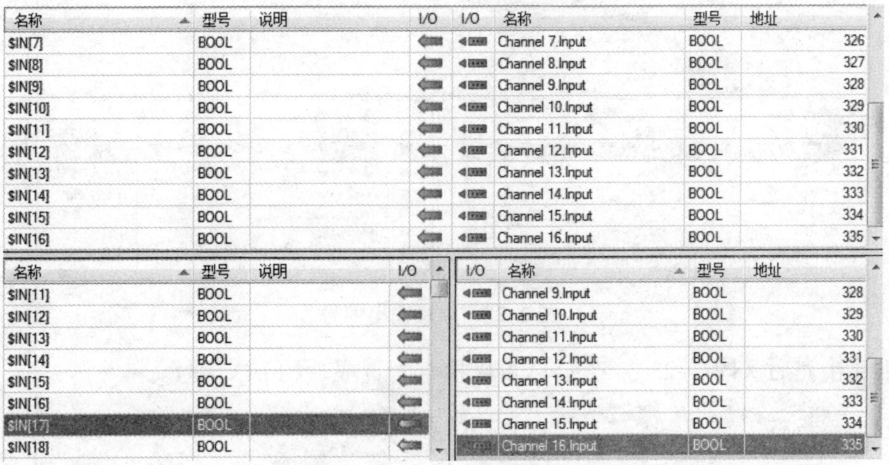

图 2-25　输入信号全部连接完成

2. 配置数字输出信号

按图 2-26 所示，单击 A 区的数字输出端，再单击 B 区的 EL2809，就会出现 C 区（断开）和 D 区（连接），在 D 区内如有箭头为灰色的，就表示本组信号没有连接，需选中本组信号并单击右键，然后单击"连接"，成功连接后就会显示在 C 区。

左端 KR C 数字输出端有 4 096 个（$OUT[1]～$OUT[4096]），右端 EL2809 数字输出端有 16 个（Channel 1.Output～Channel 16.Output），根据实际要求，单击鼠标右键，将对应的输出端连接起来，如图 2-27 所示。

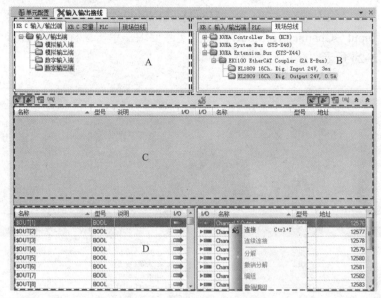

图 2-26　连接第一个输出信号

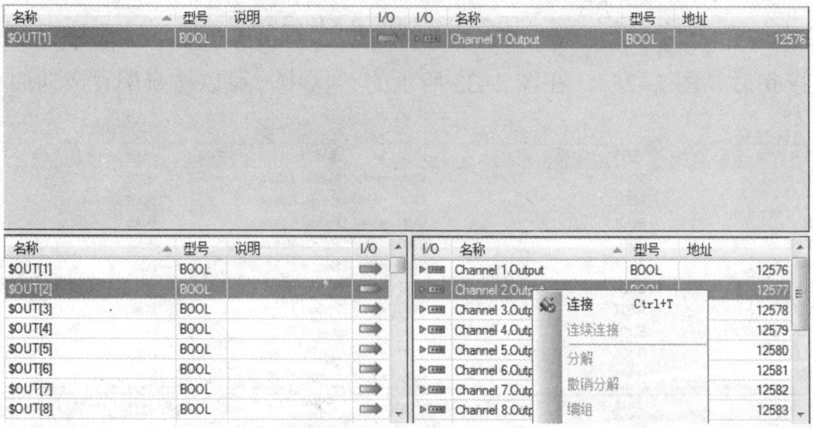

图 2-27　连接输出信号

全部连接完后（图 2-28），在 C 区可以检查配置成功的 I/O 信号。

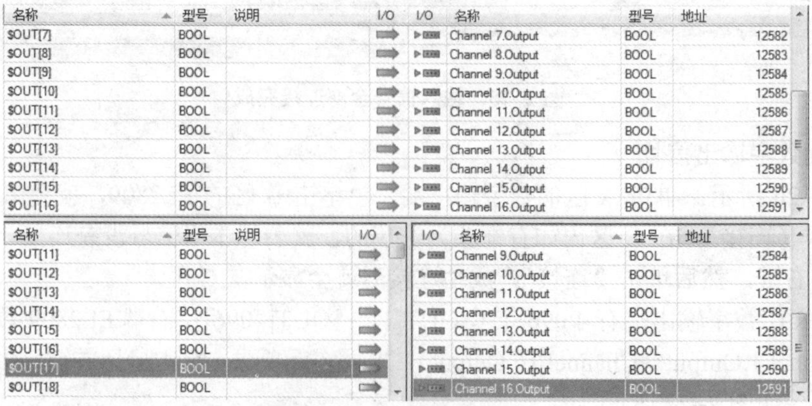

图 2-28　输出信号全部连接完成

输入输出都配置成功后，单击按键栏上的"安装..."按钮，如图2-29虚框中所示图标。

图2-29 "安装"按钮

指派控制系统，单击"继续"按钮，如图2-30所示。

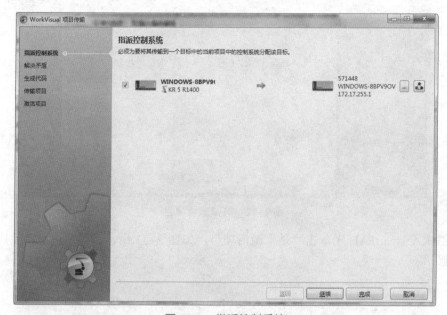

图2-30 指派控制系统

单击"继续"按钮传输项目，如图2-31所示。

图2-31 项目传输

等待用户激活项目，如图 2-32 所示。

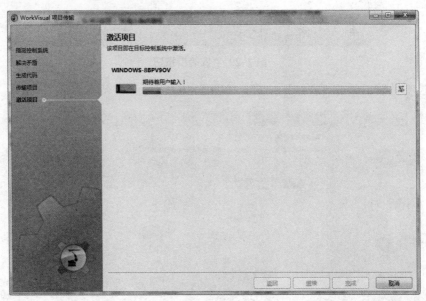

图 2-32　等待激活项目

在 KUKA smartPAD 上单击"是"激活项目，如图 2-33 所示，等待进度条完成后，I/O 配置完成。

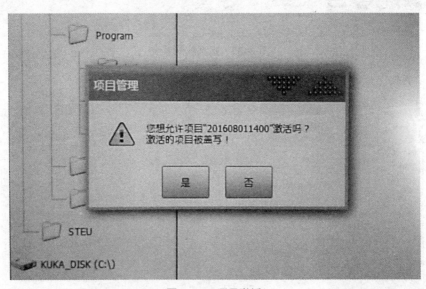

图 2-33　项目激活

2.4.3　输入/输出信号的监控与操作

操作步骤：

（1）在主菜单中选择显示→输入/输出端→数字输入/输出端。

（2）为显示某一特定输入/输出端：

■ 单击按键"至",即显示"输入编号"的对话框;

■ 在"输入编号"对话框中输入其编号,然后用"Enter"键确认。

显示将跳至带此编号的输入/输出端,如图 2–34 和图 2–35 所示,参数说明如表 2–11 和表 2–12 所示。

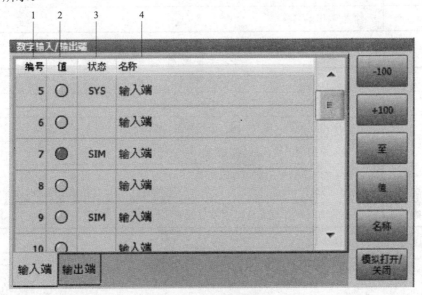

图 2–34　数字输入端

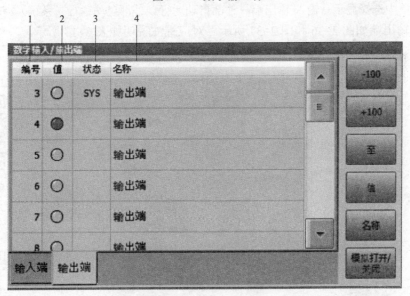

图 2–35　数字输出端

表 2–11　图 2–34、图 2–35 标注说明

序号	说　　明
1	输入/输出端编号
2	输入/输出端数值。如果一个输入或输出端为 TRUE,则被标记为绿色

续表

序号	说　明
3	SIM 输入：已模拟输入/输出端。 SYS 输入：输入/输出端的值储存在系统变量中。此输入/输出端已写保护
4	输入/输出端名称

表 2–12　图 2–34、图 2–35 参数说明

按键	说　明
−100	在显示中切换到之前的 100 个输入或输出端
+100	在显示中切换到之后的 100 个输入或输出端
至	可输入需搜索的输入或输出端编号
值	将选中的输入或输出端在 TRUE 和 FALSE 之间转换。前提条件：确认开关已按下。 在 AUT EXT（外部自动运行）方式下无此按键可用，且在模拟接通时才能用于输入端
名称	选中的输入/输出端名称可更改

2.4.4　配置外部自动运行接口的输入/输出端

操作步骤：

在主菜单中选择显示→输入/输出端→外部自动运行。外部自动运行（系统）的输入端、输出端如图 2–36 和图 2–37 所示。对应标注说明如表 2–13 所示。

KUKA 机器人系统
信号与输入输出
的关联认知

KUKA 机器人
外部自动运行
信号的配置

KUKA 机器人
外部自动运行
信号的配置

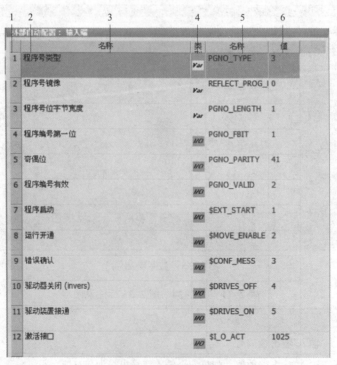

图 2–36　外部自动运行（系统）的输入端

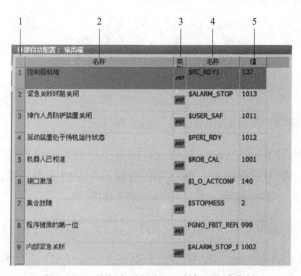

图 2-37　外部自动运行（系统）的输出端

表 2-13　图 2-36、图 2-37 标注说明

序号	说　　明
1	编号
2	输入/输出端的长文体名称
3	输入/输出端的长文本名称
4	类型 ■ 绿色：输入/输出端 ■ 黄色：变量或系统变量（$...）
5	信号或变量的名称
6	输入/输出端编号或信道编号

表 2-14 为配置 KUKA 机器人外部自动运行（系统）的输入/输出接口（配置应根据实际要求而定）。

表 2-14　外部自动运行（系统）的输入/输出接口说明

信号	名　　称	说　　明	设定
内部设定	PGNO_TYPE	程序号类型	3
内部设定	PGNO_LENGTH	程序号长度	1
输入	PGNO_FBIT	程序号第一位	$IN[1]
输入	PGNO_VALID	程序号有效	$IN[2]
输入	$EXT_START	外部启动	$IN[3]
输入	$MOVE_ENABLE	允许运行	$IN[4]
输入	$CONF_MESS	错误确认	$IN[5]
输入	$DRIVES_OFF	驱动装置关闭	$IN[6]
输入	$DRIVES_ON	驱动装置接通	$IN[7]
输出	$PERI_RDY	驱动装置处于待机状态	$OUT[1]
输出	$STOPMESS	集合故障	$OUT[2]
输出	$EXT	外部自动运行	$OUT[3]

2.5　考核评价

任务一　熟练使用 WorkVisual 配置输入/输出

要求：能熟练地使用 WorkVisual，认识软件的各个界面，通过软件能配置输入/输出并且能成功安装进机器人，能用专业语言正确、流利地展示配置的基本步骤，思路清晰、有条理，能圆满回答老师与同学提出的问题，并能提出一些新的建议。

任务二　熟练使用 KUKA smartPAD 对输入/输出的信号进行监控或仿真

要求：能熟练使用 KUKA smartPAD，通过 KUKA smartPAD 能对传感器等输入信号进行仿真操作，通过 KUKA smartPAD 能对继电器等输出信号进行仿真强制，能用专业语言正确流利地展示配置的基本步骤，思路清晰、有条理，能圆满回答老师与同学提出的问题，并能提出一些新的建议。

2.6　扩展提高

任务　配置一个具有安全门停止策略的系统 I/O 响应事件任务

要求：和老师同学一起讨论，能够配置一个具有安全门停止策略的系统 I/O 响应事件，当安全门打开时，机器人立即停止，防止非专业人员闯入造成人身伤害。

KUKA 机器人的程序数据设定

3.1 项目描述

本项目的主要学习内容包括：了解什么是程序数据；了解数据的类型与存储方式，常用的数据类型及说明，怎样声明一个 INT 型变量；了解 KRL 中的基本运算类型，使用 KUKA smartPAD 设定工具、基坐标和机器人载荷信息等。

3.2 教学目的

通过本项目的学习让学生了解什么是程序数据，了解数据的类型与存储方式，如何通过 KUKA smartPAD 建立程序数据，怎样声明一个 INT 型变量，使用 KUKA smartPAD 设定工具、基坐标和机器人载荷信息，本项目的内容主要是关于机器人的程序数据的，有许多操作与设定环节，学生可以按照本项目所讲的设定步骤同步操作，为后续的程序编写打下坚实的基础。

3.3 知识准备

3.3.1 什么是程序数据

顾名思义，程序数据是在程序中设定的值和定义的一些环境数据，为编程而设定。机器人中常用的程序数据有整数、实数、布尔数、字符等，还有一些位置数据。

3.3.2 了解数据的存储类型

在 KUKA 机器人中，最常用数据的存储类型有两种，一种是常量，另一种是变量。

1. 常量

常量的特点是在定义时已对其赋予了数值，不能在程序中修改，除非重新定义新的数值。常量用关键词 CONST 建立且只允许建立在数据列表中。

举例说明：

```
DEFDAT TEST
EXTERNAL DECLARATIONS
DECL CONST INT length = 55        名为 length 的整数数据。
DECL CONST REAL PI = 3.1415       名为 PI 的实数数据。
......
ENDDAT
```

KUKA 机器人
程序数据类型及
存储方式认知

2. 变量

使用 KRL 对机器人进行编程时，从最普通的意义上来说，变量就是在机器人进程的运行过程中出现的计算值（"数值"）的容器，每个变量都在机器人的存储器中有一个专门指定的地址，在 KRL 中变量可划分为局部变量和全局变量。

举例说明：

```
DEFDAT MY_PROG
EXTERNAL DECLARATIONS
DECL INT counter = 10
DECL REAL price = 0.0
DECL BOOL finished = FALSE
DECL CHAR     = "X"
......
ENDDAT
```

3.3.3 常用的数据类型及说明

KUKA 机器人中常用的数据类型有整数、实数、布尔数、单个字符（表 3–1）及数组类型、枚举数据类型、复合数据类型等。

表 3–1 常用数据类型

简单的数据类型	整数	实数	布尔数	单个字符
关键词	INT	REAL	BOOL	CHAR
数值范围	$-2^{31} \sim (2^{31}-1)$	$\pm 1.1 \times 10^{-38} \sim$ $\pm 3.4 \times 10^{+38}$	TRUE/FALSE	ASCII 字符集
示例	−99 或 178	−0.000 012 或 3.141 5	TRUE 或 FALSE	"A" 或 "s" 或 "5"

数组/Array：

```
Voltage[10] = 12.02
Voltage[10] = 23.99
```

- 借助下标保存相同数据类型的多个变量；
- 初始化或者更改数值均借助下标进行；
- 最大数组的大小取决于数据类型所需的存储空间大小。

枚举数据类型：

```
Color = #Red
```

- 枚举类型的所有值在创建时会用名称（明文）进行定义；
- 系统也会规定顺序；
- 元素的最大数量取决于存储位置的大小。

复合数据类型/结构：

```
Date = {day 14, month 12, year 1996}
```

- 由不同数据类型的数据项组成的复合数据类型；
- 这些数据项可以由简单的数据类型组成，也可以由结构组成；
- 各个数据项均可以存取。

3.3.4　变量的声明

变量声明对于 KUKA 机器人编程而言是非常重要的，变量声明时要注意以下几点：

- 在使用前必须总是先进行声明；
- 每一个变量均划归一种数据类型；
- 命名时要遵守命名规范；
- 声明的关键词为 DECL；
- 对四种简单数据类型关键词 DECL 可省略；
- 用预进指针赋值；
- 变量声明可以不同形式进行，因为从中得出相应变量的生存期和有效性。

3.3.4.1　变量类型

1. **在 SRC 文件中创建的变量（被称为运行时间变量）**

（1）不能被一直显示；

（2）仅在声明的程序段中有效；

（3）在到达程序的最后一行（END 行）时重新释放存储位置。

2. **局部 DAT 文件中的变量**

（1）在相关 SRC 文件的程序运行时可以一直被显示；

（2）在完整的 SRC 文件中可用，因此在局部的子程序中也可用；

（3）也可创建为全局变量；

（4）获得 DAT 文件中的当前值，重新调用时以所保存的值开始。

3. **系统文件$CONFIG.DAT 中的变量**

（1）在所有程序中都可用（全局）；

（2）即使没有程序在运行，也始终可以被显示；

（3）获得$CONFIG.DAT 文件中的当前值。

3.3.4.2　变量创建

下面以简单常用数据类型为例，详细讲述在 SRC、DAT 和$CONFIG.DAT 文件中创建变量和声明变量。

1. 在 SRC 文件中创建变量

（1）切换至专家用户组；

（2）使 DEF 行显示出来；

（3）在编辑器中打开 SRC 文件；

（4）声明变量：

```
DEF TEST ( )
DECL INT counter
DECL REAL price
DECL BOOL finished
DECL CHAR create1
INI
......
END
```

（5）关闭并保存程序。

2. 在 DAT 文件中创建变量

（1）切换至专家用户组；

（2）在编辑器中打开 DAT 文件；

（3）声明变量：

```
DEFDAT TEST
EXTERNAL DECLARATIONS
DECL INT counter
DECL REAL price
DECL BOOL finished
DECL CHAR create1
......
ENDDAT
```

（4）关闭并保存数据列表。

3. 在$CONFIG.DAT 文件中创建变量

（1）切换至专家用户组；

（2）在编辑器中打开 SYSTEM（系统）文件夹中的$CONFIG.DAT：

```
DEFDAT $CONFIG
BASISTECH GLOBALS
AUTOEXT GLOBALS
```

```
USER GLOBALS
ENDDAT
```

（3）选择 Fold "USER GLOBALS"，然后用软键"打开/关闭 Fold"将其打开；

（4）声明变量：

```
DEFDAT $CONFIG ( )
......
;===============================
; 用户自定义类型
;===============================
;===============================
; 外部用户自定义
;===============================
;===============================
; 用户自定义变量
;===============================
DECL INT counter
DECL REAL price
DECL BOOL error
DECL CHAR symbol
......
ENDDAT
```

（5）关闭并保存数据列表。

3.3.5　KRL 中变量的运算类型

根据具体任务，可以以不同方式在程序进程（SRC 文件）中改变变量值。以下介绍最常用的方法。

1. 基本运算类型

基本运算类型有：加法（+）、减法（−）、乘法（*）和除法（/）。

数学运算结果（+;−;*），运算对象为 INT 和 REAL：

```
; 声明
DECL INT D,E
DECL REAL U,V
; 初始化
D = 2
E = 5
U = 0.5
V = 10.6
; 指令部分（数据操纵）
D = D*E ; D = 2 * 5 = 10
```

```
E = E+V ; E= 5 + 10.6 = 15.6→四舍五入为 E=16
U = U*V ; U= 0.5 * 10.6 = 5.3
V = E+V ; V= 16 + 10.6 = 26.6
```

数学运算结果（/）：

使用整数值运算时的特点：纯整数运算的中间结果会去掉所有小数位；给整数变量赋值时会根据一般计算规则对结果进行四舍五入。

```
; 声明
DECL INT F
DECL REAL W
; 初始化
F = 10
W = 10.0
; 指令部分（数据操纵）
; INT/INT → INT
F = F/2 ; F=5
F = 10/4 ; F=2（10/4 = 2.5 → 省去小数点后面的尾数）
; REAL/INT → REAL
F = W/4 ; F=3 （10.0/4=2.5 → 四舍五入为整数）
W = W/4 ; W=2.5
```

2. 比较运算

比较运算的运算符有：相同/等于（==）、不同/不等于（<>）、大于（>）、小于（<）、大于等于（>=）、小于等于（<=）。

通过比较运算可以构成逻辑表达式。比较结果始终是 BOOL 数据类型，如表 3–2 所示。

表 3–2　比较运算说明

运算符/KRL	说明	允许的数据类型
==	等于	INT、REAL、CHAR、BOOL
<>	不等于	INT、REAL、CHAR、BOOL
>	大于	INT、REAL、CHAR
<	小于	INT、REAL、CHAR
>=	大于等于	INT、REAL、CHAR
<=	小于等于	INT、REAL、CHAR

```
; 声明
DECL BOOL G,H
; 初始化/指令部分
G = 10>10.1 ; G=FALSE
H = 10/3 == 3 ; H=TRUE
```

```
G = G<>H ; G=TRUE
```

3. 逻辑运算

逻辑运算的运算符有：取反（NOT）、逻辑"与"（AND）、逻辑"或"（OR）和逻辑"异或"（EXOR）。

通过逻辑运算可以构成逻辑表达式，这种运算的结果始终是 BOOL 数据类型，如表 3-3 所示。

表 3-3　逻辑运算说明

运　　算		NOT A	A AND B	A OR B	A EXOR B
A=TRUE	B=TRUE	FALSE	TRUE	TRUE	FALSE
A=TRUE	B=FALSE	FALSE	FALSE	TRUE	TRUE
A=FALSE	B=TRUE	TRUE	FALSE	TRUE	TRUE
A=FALSE	B=FALSE	TRUE	FALSE	FALSE	FALSE

```
; 声明
DECL BOOL K,L,M
; 初始化/指令部分
K = TRUE
L = NOT K ; L=FLASE
M = (K AND L) OR (K EXOR L) ; M=TRUE
L = NOT (NOT K) ; L=TRUE
```

运算将根据其优先级顺序进行。运算优先级如表 3-4 所示。

表 3-4　运算优先级

优先级	运算符
1	NOT (B_NOT)
2	乘 (*)，除 (/)
3	加 (+)，减 (-)
4	AND (B_AND)
5	EXOR (B_EXOR)
6	OR (B_OR)
7	各种比较（==; <>; ...）

3.3.6　三个重要程序数据

KUKA 机器人中三个重要的程序数据是工具、基坐标和载荷。

61

3.3.6.1 KUKA 机器人工具数据

1. 为什么要设定工具?

测量工具意味着生成一个以工具参照点为原点的坐标系。该参照点被称为 TCP（Tool Center Point，即工具中心点），该坐标系即为工具坐标系。

如果一个工具已精确测定，则在实践中对操作和编程人员有以下优点。

（1）手动移动改善。

① 可围绕 TCP （例如：工具顶尖）改变姿态，如图 3-1 所示。

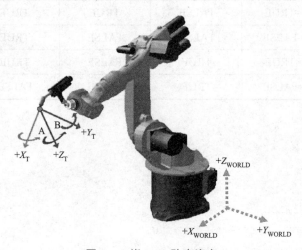

图 3-1 绕 TCP 改变姿态

② 沿工具作业方向移动，如图 3-2 所示。

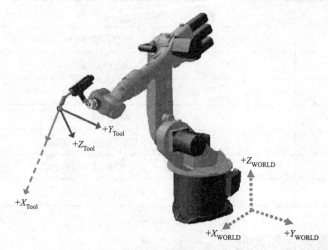

图 3-2 作业方向 TCP

（2）运动编程时的益处，可沿着 TCP 上的轨迹（图 3-3）保持已编程的运行速度。

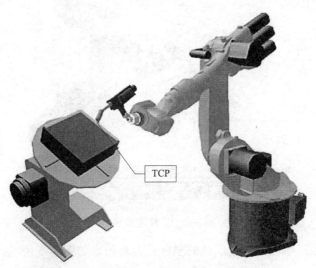

图 3-3 带 TCP 编程的模式

2. 怎样设定工具？

工具测量分为两步：第一步是确定工具坐标系的原点，即 TCP 点；第二步是确定工具坐标系的姿态。工具设定步骤如表 3-5 所示。

表 3-5 工具设定步骤

步骤	说　明
1	确定工具坐标系的原点 可选择以下方法： ◇ *XYZ* 4 点法 ◇ *XYZ* 参照法
2	确定工具坐标系的姿态 可选择以下方法： ◇ *ABC* 世界坐标法 ◇ *ABC* 2 点法
或者	直接输入至法兰中心点的距离值（*X，Y，Z*）和转角（*A，B，C*）。 ◇ 数字输入

3.3.6.2　KUKA 机器人基坐标设定

1. 为什么要设定基坐标？

基坐标系测量表示根据世界坐标系在机器人周围的某一个位置上创建坐标系，其目的是使机器人的运动及编程设定的位置均以该坐标系为参照。

测定了基坐标后有以下优点：

（1）沿着工件边缘移动：可以沿着工作面或工件的边缘手动移动机器人，如图 3-4 所示。

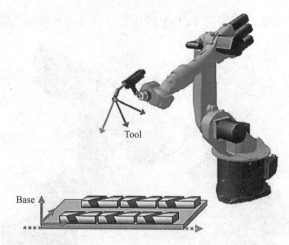

图 3-4　工件边缘移动

（2）参照坐标系：示教的点以所选的坐标系为参照，如图 3-5 所示。

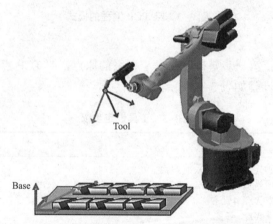

图 3-5　参照坐标系

（3）坐标系的修正/推移：可以参照基坐标对点进行示教，如图 3-6 所示。如果必须推移基坐标，若由于工作面被移动，这些点也随之移动，则不必重新进行示教。

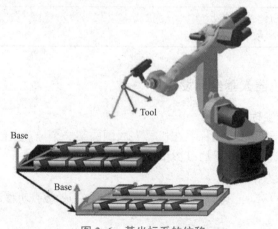

图 3-6　基坐标系的位移

（4）多个基坐标系（图 3-7）的益处：最多可建立 32 个不同的坐标系，并根据程序流程加以应用。

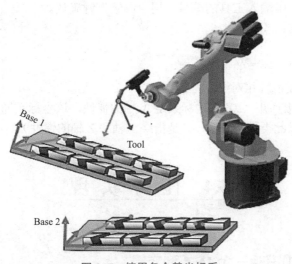

图 3-7 使用多个基坐标系

2. 怎样设定基坐标？

基坐标系测量分为两个步骤：第一步确定坐标原点；第二步定义坐标方向。基坐标测量方法如表 3-6 所示。

表 3-6 基坐标测量方法

方法	说　明
3 点法	1. 定义原点 2. 定义 X 轴正方向 3. 定义 Y 轴正方向（XY 平面）
间接法	当无法移至基坐标原点时，如由于该点位于工件内部，或位于机器人工作空间之外时，须采用间接法。 此时须移至基坐标的 4 个点，其坐标值必须已知（CAD 数据）。机器人控制系统根据这些点计算基坐标
数字输入	直接输入至世界坐标系的距离值（X，Y，Z）和转角（A，B，C）

3.3.6.3 KUKA 机器人载荷设定

1. 为什么要设定载荷？

KUKA 机器人载荷包括机器人上的附加负载和工具负载，工具负载数据是指所有装在机器人法兰上的负载，它是另外装在机器人上并由机器人一起移动的质量。

设定了机器人载荷后有以下优点：

（1）提高机器人的精度；

（2）可以使运动过程具有最佳的节拍时间；

（3）可以提高机器人的使用寿命（重载、轻载时电机电流不同）。

2. 怎样设定机器人载荷？

（1）选择主菜单投入运行→测量→工具→工具负载数据。

（2）在工具编号栏中输入工具的编号。用"继续"键确认。

（3）输入负载数据：

M 栏：质量；

X、Y、Z 栏：相对于法兰的重心位置；

A、B、C 栏：主惯性轴相对于法兰的取向；

JX、JY、JZ 栏：惯性矩（JX 是坐标系绕 X 轴的惯性，该坐标系通过 A、B 和 C 相对于法兰转过一定角度。以此类推，JY 和 JZ 是指绕 Y 轴和 Z 轴的惯性）。

（4）保存。

3.4　任务实现

3.4.1　在程序中声明一个 INT 型变量

通过前面的学习，我们知道可以在很多地方创建 INT 型变量，下面详细讲述在程序 SRC 文件中声明变量和执行初始化。

（1）切换至专家用户组；

（2）使 DEF 行显示出来；

（3）在编辑器中打开 SRC 文件；

（4）声明变量、执行初始化：

```
DEF TEST ( )
DECL INT count
INI
count = 1
......
END
```

（5）关闭并保存程序。

KUKA 机器人变量
声明的认知　　　　KUKA 机器人变量
声明的认知

KUKA 机器人变量
声明的认知　　　　KUKA 机器人变量
声明的认知

3.4.2　程序数据在程序中的运用

下面是一段简单的程序，从程序段中可以看出，机器人首先回到 HOME 点，然后进入 LOOP 无限循环，机器人由 P1 点线性运动到 P2 点后，等待 1 s，并且计数值 count+1，我们可以利用 count 作为条件，当 count=5 时，机器人运动到 P3 点。使用这些指令可以让机器人程序更加灵活。

```
DEF TEST ( )
DECL INT count
INI
PTP HOME  Vel= 100% DEFAULT
LOOP
LIN  P1  Vel=2 m/s  PDAT1  Tool[1]  Base[0]
```

```
LIN   P2   Vel=2 m/s   PDAT2  Tool[1]   Base[0]
count = count + 1
WAIT Time=1 sec
IF count == 5 THEN
PTP   P3   Vel=100%  PDAT2   Tool[1]   Base[0]
ENDIF
ENDLOOP
PTP HOME  Vel= 100% DEFAULT
END
```

3.4.3 使用机器人示教器设定工具

机器人控制系统通过测量工具（工具坐标系）识别工具顶尖（TCP—Tool Center Point，工具中心点）相对于法兰中心点的位置，如图 3-8 所示，TCP 的测量有两种途径：一种是找个固定的参考点进行示教；另一种则是已知工具的各参数，就可以得到相对于法兰中心点的 X、Y、Z 的偏移量，相对于法兰坐标系转角（角度 A、B、C），同样也能得出精确的 TCP。

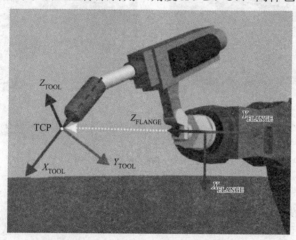

图 3-8 TCP 的测量

通过一个固定参考点的工具坐标系的测量分为两步：首先确定工具坐标系的 TCP，然后确定工具坐标系的姿态，如表 3-7 所示。

表 3-7 TCP 测量的步骤

步骤	说　明
1	确定工具坐标系的 TCP 可选择以下方法： *XYZ 4 点法 *XYZ 参照法
2	确定工具坐标系的姿态 可选择以下方法： *ABC 2 点法 *ABC 世界坐标法

3.4.3.1　TCP 的测量

1. XYZ 4 点法

XYZ 4 点法的原理：将待测工具的 TCP 从 4 个不同方向移向任意选择的一个参考点，机器人系统将从不同的法兰位置计算出 TCP，如图 3-9 所示。

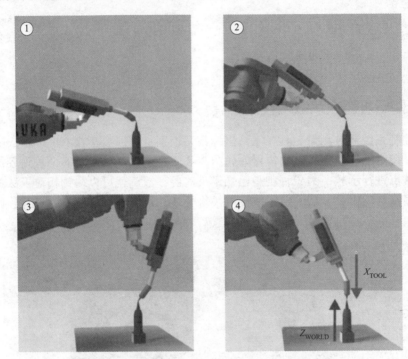

图 3-9　*XYZ* 4 点法

其具体操作步骤如下：

（1）选择菜单序列　投入运行→测量→工具→*XYZ* 4 点。

（2）为待测量的工具给定一个号码和一个名称。用"继续"键确认。

（3）用 TCP 移至任意一个参照点。按下"测量"键，出现"是否应用当前位置？继续测量"对话框，用"是"键加以确认。

（4）将 TCP 从其他方向移向参照点。重复步骤 3 次。

（5）负载数据输入窗口自动打开，正确输入负载数据，然后按下"继续"键。

（6）包含测得的 TCP *X*、*Y*、*Z* 值的窗口自动打开，测量精度可在误差项中读取。数据可通过"保存"键直接保存。

2. XYZ 参照法

采用 *XYZ* 参照法时，将对一件新工具与一件已测量过的工具进行比较测量。机器人控制系统比较法兰位置，并对新工具的 TCP 进行计算，如图 3-10 所示。

其具体操作步骤如下（前提条件是，在连接法兰上装有一个已测量过的工具，并且 TCP 的数据已知）：

（1）在主菜单中选择投入运行→测量→工具→XYZ 参照。

（2）为新工具指定一个编号和一个名称。用"继续"键确认。

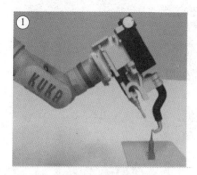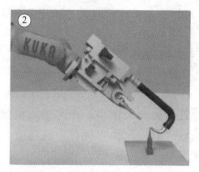

图 3-10 *XYZ* 参照法

（3）输入已测量工具的 TCP 数据。用"继续"键确认。

（4）用 TCP 移至任意一个参照点。单击测量。用"继续"键确认。

（5）将工具撤回，然后拆下。装上新工具。

（6）将新工具的 TCP 移至参照点。单击测量。用"继续"键确认。

（7）按下"保存"键。数据被保存，窗口自动关闭。

3.4.3.2 工具坐标系的姿态/朝向的确定

确定工具坐标系的姿态/朝向的方法主要有 *ABC* 世界坐标法和 *ABC* 2 点法两种。

1. *ABC* 世界坐标法

ABC 世界坐标法是将工具坐标系的轴调整为与世界坐标系的轴平行。机器人控制器从而得知 TOOL 坐标系的取向，如图 3-11 所示。

此方法有两种方式：

■ 5D：用户将工具的作业方向告知机器人控制系统。作业方向默认为 X 轴。其他轴的取向将由系统确定，用户对此没有影响力。系统总是为其他轴确定相同的取向。如果之后必须对工具重新进行测量，比如在发生作业后，仅需要重新确定作业方向。而无须考虑作业方向的转度。应用范围：例如，MIG/MAG 焊接、激光切割或水射流切割。

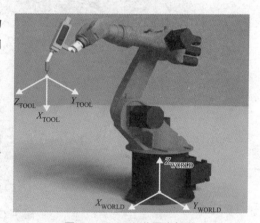

图 3-11 *ABC* 世界坐标法

■ 6D：用户将所有三个轴的取向告知机器人控制系统。应用范围：例如，焊钳、抓爪或粘胶喷嘴。

其具体操作步骤如下（如果不是通过主菜单调出操作步骤，而是在 TCP 测量后通过 *ABC* 2 点按键调出，则省略下列的前两个步骤）：

（1）在主菜单中选择投入运行→测量→工具→*ABC* 世界。

（2）输入工具编号。用"继续"键确认。

（3）在 5D/6D 栏中选择一种规格。用"继续"键确认。

（4）如果选择 5D：将 $+X_{TOOL}$ 调整至平行于 $-Z_{WORLD}$ 的方向（$+X_{TOOL}$=作业方向）。

如果选择 6D，按下列方法进行工具坐标系统的轴的调整：

使 $+X_{TOOL}$ 与 $-Z_{WORLD}$ 平行（$+X_{TOOL}$=作业方向）；

$+Y_{TOOL}$ 与 $+Y_{WORLD}$ 平行；

$+Z_{TOOL}$ 与 $+X_{WORLD}$ 平行。

（5）按下"测量"键来确认。对信息提示"要采用当前位置吗？测量将继续"，按下"是"键来确认。

（6）随即打开另一个窗口。在此输入负荷数据。

（7）然后按"继续"和"保存"键结束此过程。

（8）关闭菜单。

2. ABC 2 点法

ABC 2 点法是指通过趋近 X 轴上一个点和 XY 平面上一个点的方法，机器人控制系统即可得知工具坐标系的各轴。当轴方向必须特别精确地确定时，将使用此方法，如图 3-12 所示。

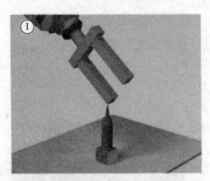
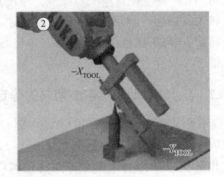
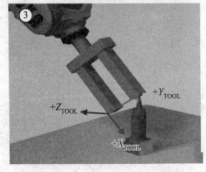

图 3-12　ABC 2 点法

其具体操作步骤如下（如果不是通过主菜单调出操作步骤，而是在 TCP 测量后通过 ABC 2 点按键调出，则省略下列的前两个步骤）：

（1）前提条件是，TCP 已通过 XYZ 法测定。

（2）在主菜单中选择投入运行→测量→工具→ABC 2 点。

（3）输入已安装工具的编号。用"继续"键确认。

（4）用 TCP 移至任意一个参照点。单击测量。用"继续"键确认。

（5）移动工具，使参照点在 X 轴上与一个为负 X 值的点重合（即与作业方向相反）。单击测量。用"继续"键确认。

（6）移动工具，使参照点在 XY 平面上与一个在正 Y 方向上的点重合。单击测量。用"继续"键确认。

（7）按"保存"键。数据被保存，窗口关闭。或按下负载数据。数据被保存，一个窗口将自动打开，可以在此窗口中输入负载数据。

3.4.3.3 数字输入

当已知工具的各参数，就可以直接输入相对于法兰中心点的 X、Y、Z 的偏移量，相对于法兰坐标系转角（角度 A、B、C）。

其具体操作步骤如下：

（1）在主菜单中选择投入运行→测量→工具→数字输入。

（2）为待测量的工具给定一个号码和一个名称。用"继续"键确认。

（3）输入工具数据。用"继续"键确认。

（4）输入负载数据。

（5）按"继续"键确认，按下"保存"键，数据被保存。

3.4.4 使用机器人示教器设定基坐标

基坐标系表示根据世界坐标系在机器人周围的某一个位置上创建的坐标系，如图 3–13 所示。其目的是使机器人的运动以编程设定的位置均以该坐标系为参照。因此，设定的工件支座和抽屉的边缘、货盘或机器的边缘均可作为测量基准坐标系中合理的参考点。

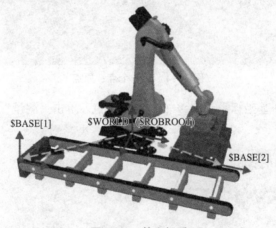

图 3–13　基坐标系

基坐标系测量的方法有 3 点法、间接法、数字输入法三种，如表 3–8 所示。

表 3–8　基坐标系测量方法

方法	说　　明
3 点法	1. 定义原点 2. 定义 X 轴的正方向 3. 定义 Y 轴的正方向（XY 平面）
间接法	当无法移至基坐标原点时，例如，由于该点位于工件内部或位于机器人工作空间之外时，须采用间接法

续表

方法	说　明
间接法	此时须移至基坐标的 4 个点，其坐标值必须已知（CAD 数据）。机器人控制系统根据这些点计算基坐标
数字输入法	直接输入至世界坐标系的距离值（X，Y，Z）和转角（A，B，C）

3 点法的具体操作步骤如下：

（1）在主菜单中选择投入运行→测量→基坐标系→3 点。

（2）为基坐标系分配一个号码和一个名称。用"继续"键确认。

（3）输入需用其 TCP 测量基坐标的工具的编号。用"继续"键确认。

（4）用 TCP 移到新基坐标系的原点。单击"测量"键并用"是"键确认位置，如图 3-14 所示。

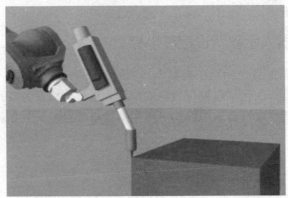

图 3-14　第一个点：原点

（5）将 TCP 移至新基坐标系正向 X 轴上的一个点。单击"测量"键并用"是"键确认位置，如图 3-15 所示。

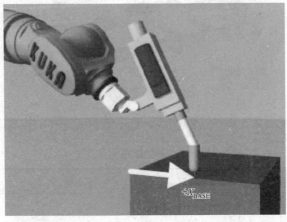

图 3-15　第二个点：X 向

（6）将 TCP 移至 XY 平面上一个带有正 Y 值的点。单击"测量"键并用"是"键确认位置，如图 3-16 所示。

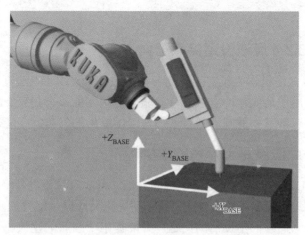

图 3-16　第三个点：XY 平面

（7）按下"保存"键。

（8）关闭菜单。

3.4.5　使用机器人示教器设定负载数据

操作步骤如下：

（1）选择主菜单投入运行→测量→工具→工具负载数据。

（2）在工具编号栏中输入工具的编号。用"继续"键确认。

（3）输入负载数据：

■ M 栏：质量；

■ X、Y、Z 栏：相对于法兰的重心位置；

■ A、B、C 栏：主惯性轴相对于法兰的取向；

■ JX、JY、JZ 栏：惯性矩（JX 是坐标系统 X 轴的惯性矩，该坐标系通过 A、B 和 C 相对于法兰转过一定角度。以此类推，JY 和 JZ 是指绕 Y 轴和 Z 轴的惯性矩）。

（4）用"继续"键确认。

（5）按下"保存"键。

如果负载数据已经由 KUKA.LoadDataDetermination 传输到机器人控制系统中，则无须再手工输入。

3.5　考核评价

任务一　熟悉常用的数据类型，学会在程序中声明变量

要求：熟悉常用的数据类型及存储类型，能熟练地使用 KUKA smartPAD 对常用的程序数据在程序中进行声明，并掌握在不同地方的声明方法，能用专业语言正确、流利地展示配置的基本步骤，思路清晰、有条理，能圆满回答老师与同学提出的问题，并能提出一些新

的建议。

任务二　用 *XYZ* 4 点法设定尖点工具

要求：熟悉用 KUKA 机器人设定工具的各种方法，用 *XYZ* 4 点法设定尖点工具并保证误差在理想范围内，并用手动操作的方法进行检验，能用专业语言正确、流利地展示配置的基本步骤，思路清晰、有条理，能圆满回答老师与同学提出的问题，并能提出一些新的建议。

任务三　用 3 点法设定工作台的基坐标

要求：熟悉用 KUKA 机器人设定基坐标的方法，用 3 点法设定基坐标，用手动操作在设好的基坐标中运动并进行检验，能用专业语言正确、流利地展示配置的基本步骤，思路清晰、有条理，能圆满回答老师与同学提出的问题，并能提出一些新的建议。

3.6　扩 展 提 高

任务　熟练掌握工具设定的方法，根据不同的工具，合理地选择设定方法

要求：熟练掌握工具设定的原理及方法，和老师同学一起讨论，不同的工具怎样设定工具的 TCP，选择最合理的设定方法。

项目四

KUKA 机器人程序编写

4.1 项 目 描 述

本项目的主要学习内容包括：了解 KUKA 机器人的编程语言，学会正确地使用示教器新建程序模块与履行程序，了解 KUKA 机器人的常用指令，通过示教器编辑机器人程序，并根据程序和示教要求，选择相应的坐标系，准确地示教目标点。

4.2 教 学 目 的

通过本项目的学习让学生了解 KUKA 机器人的编程语言 KRL，熟悉机器人运动指令，学会正确地使用示教器，掌握如何在示教器上编辑一个机器人运动的程序，熟练地掌握 KUKA 机器人的 I/O 控制指令，结合前一章节学习的 I/O 配置，实现对机器人 I/O 信号的控制，了解 KUKA 机器人的逻辑控制和中断程序，并能灵活地使用。本项目内容为 KUKA 机器人编程基础知识，是学习机器人的核心，所以掌握本项目的内容显得尤为重要。学生可以按照前面章节所讲的操作方法结合起来巩固提升。

4.3　知识准备

4.3.1　程序文件

1. 文件导航器的介绍

在 KUKA 机器人的示教器里有一个文件导航器（图 4-1），机器人的编程在文件导航器下完成。程序模块应始终保存在文件夹"Program"（程序）中。也可以建立新的文件夹并将程序模块存放在那里。模块用字母"M"标示。在每一个程序模块中还可以加入注释，来说明程序的功能，方便人为地管理程序。

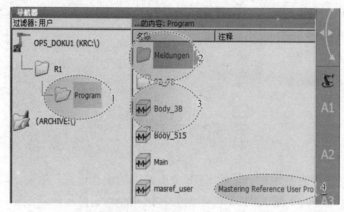

图 4-1　文件导航器

1—程序的主文件夹；2—其他程序的子文件夹；3—程序模块；4—程序模块的注释

2. 程序模块的属性

程序模块由两个部分组成：源代码（SRC）和数据列表（DAT），如图 4-2 所示。

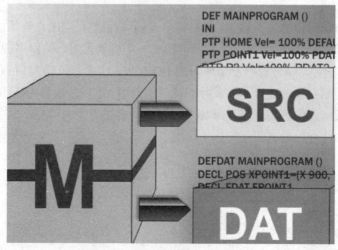

图 4-2　程序模块的组成

源代码：SRC 文件中含有程序源代码。

```
DEF  MAINPROGRAM ()
INI
PTP  HOME  Vel= 100%  DEFAULT
PTP  XPOINT1  Vel=100%  PDAT1  TOOL[1]  BASE[1]
PTP  XPOINT2  Vel=100%  PDAT2  TOOL[1]  BASE[1]
…
PTP  HOME  Vel= 100%  DEFAULT
END
```

数据列表：DAT 文件中含有固定的数据和点坐标。

```
DEFDAT MAINPROGRAM ()
DECL E6POS XPOINT1={X 900, Y 0, Z 800, A 0, B 0, C 0, S 6, T 27, E1
0, E2 0, E3 0, E4 0, E5 0, E6 0}
DECL FDAT FPOINT1 …
…
ENDDAT
```

4.3.2　初始化运行——BCO 运行介绍

KUKA 机器人的初始化运行称为 BCO 运行（图 4-3），BCO 运行是为了使机器人的当前位置与机器人程序中的当前点位置保持一致，只有机器人的当前位置与编程设定的位置相同时才可以规划轨迹，机器人的程序才能正确运行。因此，首先必须将 TCP 置于轨迹上。

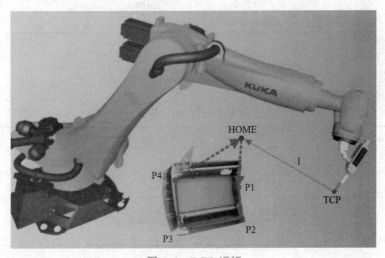

图 4-3　BCO 运行

在下列情况下要进行 BCO 运行（图 4-4）：
- 选择程序（例 1）
- 程序复位（例 1）

■ 程序执行时手动移动（例 1）
■ 更改程序（例 2）
■ 语句行选择（例 3）

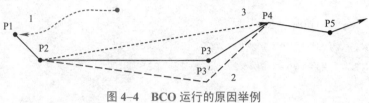

图 4-4 BCO 运行的原因举例

4.3.3 程序的运行方式和状态

1. 程序的运行方式

机器人运行某个程序，则对于编程控制的机器人运动可提供多种程序运行方式，如表 4-1 所示。

表 4-1 程序运行方式

图标	运行方式说明
⊙🚶	**GO** 程序连续运行，直至程序结尾 在测试运行中必须按住"启动"键
⊙🚶	**MSTEP** 在运动步进运行方式下，每个运动指令都单个执行 每一个运动结束后，都必须重新按下"启动"键
⊙🚶	**ISTEP** 仅供用户组"专家"使用 在增量步进时，逐行执行（与行中的内容无关） 每行执行后，都必须重新按下启动键

2. 程序运行状态

程序运行状态如表 4-2 所示。

表 4-2 程序运行状态

图标	颜色	程序状态说明
R	灰色	未选定程序
R	黄色	语句指针位于所选程序的首行
R	绿色	已经选择程序，而且程序正在运行
R	红色	选定并启动的程序被暂停

续表

图标	颜色	程序状态说明
R	黑色	语句指针位于所选程序的末端

4.3.4 了解 KUKA 机器人运动指令

机器人在空间进行运动主要有 3 种方式：点到点运动（PTP）、线性运动（LIN）、圆弧运动（CIRC）。这 3 种方式的运动指令分别介绍如下。

1. 点到点运动（PTP）

关节运动指令是在对路径精度要求不高的情况下，机器人的工具中心点（TCP）从一个位置移动到另一个位置，两个位置之间的路径不一定是直线（图 4-5）。点到点运动（PTP）指令适合机器人大范围运动时使用，不易在运动过程中出现关节轴进入机械死点位置的问题。

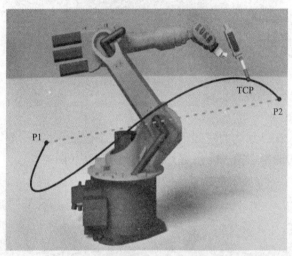

图 4-5 点到点运动

例如：PTP P2 CONT Vel=100% PDAT1 Tool[0] Base[0]

该指令解析如表 4-3 所示。

表 4-3 指令解析

序号	参数	说　明
1	PTP	点到点运动指令
2	P2	目标点位置数据
3	CONT	CONT：转弯区数据，空白：准确到达目标点
4	Vel	PTP 运动：1%～100%；沿轨迹的运动：0.001～2 m/s
5	PDAT1	运动数据组：加速度、转弯区半径、姿态引导
6	Tool[0]	工具坐标系
7	Base[0]	基坐标（工件）系

2. 线性运动（LIN）

线性运动是机器人的工具中心点（TCP）从起点到终点之间的路径始终保持直线（图 4-6），适用于对路径精度要求高的场合，如切割、涂胶等。

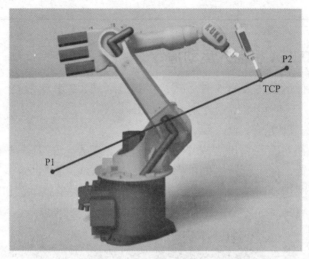

图 4-6　线性运动

例如：LIN　P2　CONT　Vel=2 m/s　CPDAT1　Tool[0]　Base[0]

3. 圆弧运动（CIRC）

圆弧运动是机器人在可到达的空间范围内定义三个位置点，第一个位置点是圆弧的起点，第二个位置点是圆弧的曲率，第三个位置点是圆弧的终点（图 4-7）。

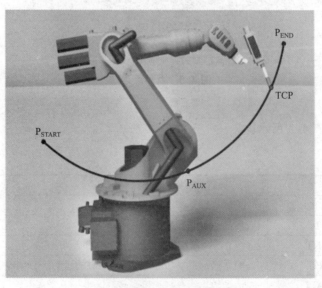

图 4-7　圆弧运动

例如：CIRC　P1　Vel=2m/s　CONT　PDAT1　Tool[0]　Base[0]

4.3.5 了解 I/O 控制指令

1. 设置数字输出端（OUT）

数字输出端设置如图 4-8 所示。指令解析如表 4-4 所示。

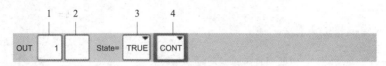

图 4-8 数字输出端设置

表 4-4 OUT 指令解析

序号	说　明
1	输出端编号
2	如果输出端已有名称则会显示出来。 仅限于专家用户组使用： 通过单击长文本可输入名称。名称可以自由选择
3	输出端被切换成的状态 ● TRUE ● FALSE
4	CONT：在预进过程中加工 [空白]：带预进停止的加工

2. 设置脉冲输出端（PULSE）

脉冲输出端设置如图 4-9 所示。指令解析如表 4-5 所示。

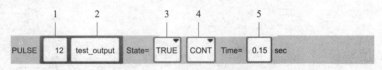

图 4-9 脉冲输出端设置

表 4-5 PULSE 指令解析

序号	说　明
1	输出端编号
2	如果输出端已有名称则会显示出来。 仅限于专家用户组使用： 通过单击长文本可输入名称。名称可以自由选择
3	输出端被切换成的状态 ● TRUE："高"电平 ● FALSE："低"电平
4	CONT：在预进过程中加工 [空白]：带预进停止的加工
5	脉冲长度 0.10～3.00 s

3. 模拟量输入端（ANIN）

在机器人的程序中有对模拟量输入端处理的指令 ANIN，KR C4 具有 32 个模拟输入端，这些模拟量输入端可以通过系统变量$ANIN[1] … $ANIN[32] 读出，在程序中每隔 12 ms 循环读取一个模拟量输入端，$ANIN[nr]的值在−1.0 和 1.0 之间变化，表示−10 V 至+10 V 的输入电压。

实例：读取模拟量输入值。

```
DEFDAT myprog  ;     数据列表声明
…
DECL REAL value ;     声明一个实数类型变量,用来读取模拟量输入的值
…
ENDDAT


DEF myprog( ) ;     源代码
…
value = $ANIN[2] ;   读取模拟量输入端 2 的值
…
END
```

4. 模拟量输出端（ANOUT）

在机器人的程序中有对模拟量输出端处理的指令 ANOUT，KR C4 具有 32 个模拟输出端，这些模拟量输出端可以通过系统变量$ANOUT[1] … $ANOUT[32] 写入，在程序中每隔 12 ms 循环读取一个模拟量输出端，$ANOUT[nr]的值在−1.0 和 1.0 之间变化，表示−10 V 至+10 V 的输出电压。

实例 1：直接赋值。

```
DEF myprog( )
…
$ANOUT[2]=0.8;          在模拟输出端 2 上加上 8V 电压
…
END
```

实例 2：借助变量赋值。

```
DEFDAT myprog  ;     数据列表声明
…
DECL REAL value ;     声明一个实数类型变量
…
ENDDAT


DEF myprog( ) ;     源代码
…
```

```
value=0.8
$ANOUT[2]= value;在模拟输出端 2 上加上 8V 电压
…
END
```

4.3.6 了解等待功能指令

在机器人的程序中等待功能指令有等待时间和等待信号两种。

1. 等待时间（WAIT）

WAIT 指令可以使机器人的运动按编程设定的时间暂停，WAIT 总是触发一次预进停止。WAIT 指令及指令解析如图 4–10 和表 4–6 所示。

图 4–10　WAIT 指令

表 4–6　WAIT 指令解析

序号	说　　明
1	等待时间≥0 s

程序实例：

```
PTP P1 Vel=100% PDAT1 ;      机器人运动到 P1 点
PTP P2 Vel=100% PDAT2 ;      机器人运动到 P2 点
WAIT Time=2 sec ;            等待 2s
PTP P3 Vel=100% PDAT3 ;      机器人运动到 P3 点
```

如图 4–11 所示机器人在 P2 点中断运动，等待 2 s 后，再运动到 P3 点。

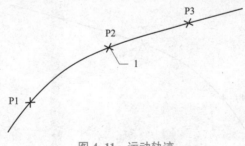

图 4–11　运动轨迹

2. 等待信号（WAIT FOR）

WAIT FOR 是指机器人在此等待信号，可以等待的信号包括输入信号 IN、输出信号 OUT、定时信号 TIMER，机器人系统内部的存储地址 FLAG 或者 CYCFAG，WAIT FOR 指令等待控制信号（图 4–12）。

"WAIT FOR" 指令是将具体的功能与等待信号联系起来，需要时可以将多个信号按逻辑连接，如果添加一个逻辑连接，则联机表格中会出现用于附加信号和其他逻辑连接的栏，其具体指令的序号及用法如表 4-7 所示。

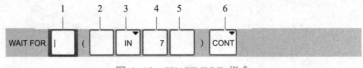

图 4-12　WAIT FOR 指令

表 4-7　WAIT FOR 指令说明

序号	说　明
1	添加外部连接。运算符位于加括号的表达式之间，AND、OR 、EXOR 添加 NOT、[空白]用相应的按键添加所需的运算符
2	添加内部连接。运算符位于一个加括号的表达式内，AND、OR 、EXOR 添加 NOT、[空白]用相应的按键添加所需的运算符
3	等待的信号：有 IN、OUT、TIMER、FLAG、CYCFAG
4	信号的编号：1～4096
5	如果信号已有名称则会显示出来
6	CONT：在预进过程中加工 [空白]：带预进停止的加工

程序实例：

```
PTP P1 Vel=100% PDAT1
PTP P2 CONT Vel=100% PDAT2
WAIT FOR IN 10 'di10' ;        等待输入端口 10 的信号
PTP P3 Vel=100% PDAT3
```

如图 4-13 所示机器人停在 P2 点，并在该点检测输入端 10 的信号，再运动到 P3 点。

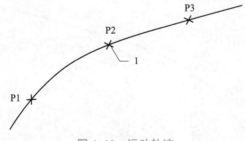

图 4-13　运动轨迹

4.3.7　了解机器人程序的循环与分支

在机器人程序中除了运动指令和通信指令（I/O 控制指令）之外，还有大量用于控制程序流程的指令，其中包括循环和分支。

1. LOOP 无限循环

LOOP 无限循环就是无止境地重复指令段,然而,却可通过一个提前出现的中断(含 EXIT 功能)退出循环语句。具体使用实例如下:

实例 1:无 EXIT,永久执行对 P1 和 P2 点的运动指令。

```
LOOP
   PTP  P1  Vel=100%  PDAT1
   PTP  P2  Vel=100%  PDAT2
ENDLOOP
PTP  P3  Vel=100%  PDAT3
```

实例 2:带 EXIT,一直执行对 P1 和 P2 点的运动指令,直到输入端 1 为 TRUE 时,跳出循环,机器人运动到 P3 点。

```
LOOP
   PTP  P1  Vel=100%  PDAT1
   PTP  P2  Vel=100%  PDAT2
IF  $IN[1]==TRUE  THEN
        EXIT
   ENDIF
ENDLOOP
PTP  P3  Vel=100%  PDAT3
```

2. FOR 循环

FOR 重复执行判断指令,根据指定的次数,重复执行对应的程序,步幅默认为+1,也可通过关键词 STEP 指定为某个整数,具体使用实例如下:

实例 1:该循环依次将输出端 1 至 4 切换到 TRUE。用整数(INT)变量"i"来对一个循环语句内的循环进行计数。没有借助 STEP 指定步幅时,循环计数"i"会自动+1。

```
DECL INT  i
…
FOR  i=1  TO  4    ;没有借助 STEP 指定步幅,默认为1
   $OUT[i]  ==  TRUE
ENDFOR
```

实例 2:该循环中借助 STEP 指定步幅为 2,循环计数"i"会自动+2,所以该循环只会运行两次,一次为 i=1,另一次则以 i=3。计数值为 5 时,循环立即终止。

```
DECL INT  i
…
FOR  i=1  TO  4  STEP 2  ;借助 STEP 指定步幅为2
   $OUT[i]  ==  TRUE
ENDFOR
```

3. WHILE 当型循环

WHILE 循环是一种当型或者先判断型循环，这种循环执行的过程中先判断条件是否成立，再执行循环中的指令。具体使用实例如下：

实例：下面 WHILE 循环将输出端 2 切换为 TRUE，而将输出端 3 切换为 FALSE 并且机器人移入 HOME 位置，但仅当循环开始就已满足条件（输入端 1 为 TRUE）时才成立。

```
WHILE $IN[1]==TRUE      ;判断条件输入端 1 是否为 TRUE
    $OUT[2]=TRUE
    $OUT[3]=FALSE
    PTP  HOME  Vel=100%  PDAT1
ENDWHILE
```

4. REPEAT 直到型循环

REPEAT 循环是一种直到型或者检验循环，这种循环会在第一次执行完循环的指令部分后才会检测终止条件。具体使用实例如下：

实例：REPEAT 循环示例将输出端 2 切换为 TRUE，而将输出端 3 切换为 FALSE，并且机器人移入 HOME 位置。这时才会检测条件（输入端 1 为 TRUE）是否成立。

```
REPEAT
    $OUT[2]=TRUE
    $OUT[3]=FALSE
    PTP  HOME  Vel=100%  PDAT1
UNTIL $IN[1]==TRUE     ;判断条件输入端 1 是否为 TRUE
```

5. IF 条件分支

IF 条件判断指令，就是根据不同的条件判断去执行不同的指令，具体使用实例如下：

实例 1：无选择分支的 IF 分支，如果输入端 1 为 TRUE 时，机器人移动到 P1、P2 点。

```
IF  $IN[1]==TRUE  THEN
    PTP  P1  Vel=100%  PDAT1
    PTP  P2  Vel=100%  PDAT2
ENDIF
```

实例 2：有可选分支的 IF 分支，如果输入端 1 为 TRUE 时，机器人移动到 P1、P2 点，否则移动到 P3 点。

```
IF  $IN[1]==TRUE  THEN
    PTP  P1  Vel=100%  PDAT1
    PTP  P2  Vel=100%  PDAT2
ELSE
    PTP  P3  Vel=100%  PDAT3
ENDIF
```

6. SWITCH 多分支

SWITCH 多分支根据变量的判断结果，在指令块中跳到预定义的 CASE 指令中执行对应程序段。如果 SWITCH 指令未找到预定义的 CASE，则运行 DEFAULT 下的程序。

实例：如果变量"i"的值为 1，则执行 CASE 1 下的程序，机器人运动到点 P1。如果变量"i"的值为 2，则执行 CASE 2 下的程序，机器人运动到点 P2。如果变量"i"的值为 3，则执行 CASE 3 下的程序，机器人运动到点 P3。如果变量"i"的值未在 CASE 中列出（在该例中为 1、2 和 3 以外的值），则将执行默认分支，机器人回 HOME 位置。

```
DECL INT i
...
SWITCH i
CASE 1
    PTP  P1  Vel=100%  PDAT1
...
CASE 2
    PTP  P2  Vel=100%  PDAT2
...
CASE 3
    PTP  P3  Vel=100%  PDAT3
  ...
DEFAULT
    PTP  HOME  Vel=100%  DEFAULT
ENDSWITCH
```

4.3.8 了解机器人的子程序

在机器人的编程中，为了使程序运行更有逻辑性，也使程序结构化、简洁明了、条理清晰。可以使用子程序，也可以调用其他程序。

子程序分为局部子程序和全局子程序两类，局部子程序位于主程序之后，以 DEF Name_Unterprogramm( )和 END 标明，其格式如图 4-14 所示。

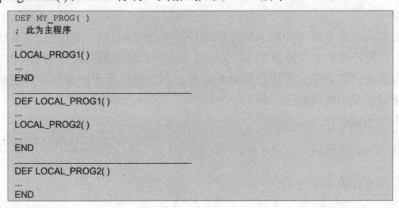

图 4-14 调用局部子程序

全局子程序则可以是系统中存放的其他程序，它有自己单独的 SRC 和 DAT 文件。全局子程序允许多次调用，每次调用后跳回主程序中调用子程序后面的第一条指令处。

全局子程序的调用不像局部子程序需要在名称前加 "DEF"，直接在主程序中输入该子程序的名称即可调用全局子程序，其编程实例如图 4-15 所示。

```
DEF MAIN( )
INI
LOOP                    ;无限循环
    GET_PEN( )          ;调用全局子程序 GET_PEN
    PAINT_PATH( )       ;调用全局子程序 PAINT_PATH
    PEN_BACK( )         ;调用全局子程序 PEN_BACK
    GET_PLATE( )        ;调用全局子程序 GET_PLATE
    GLUE_PLATE( )       ;调用全局子程序 GLUE_PLATE
    PLATE_BACK( )       ;调用全局子程序 PLATE_BACK
IF   $IN[1] ==TRUE   THEN   ;当输入端口 1 为 TRUE 时跳出循环
    EXIT
ENDIF
ENDLOOP
END
```

图 4-15 调用全局子程序

4.3.9 了解中断程序

在机器人程序执行过程中，如果出现需要紧急处理的情况，机器人就会中断当前的执行，程序指针马上跳转到专门的程序中对紧急情况进行相应的处理，处理结束后程序指针返回到原来被中断的地方，继续往下执行程序，这种专门用来处理紧急情况的程序，称作中断程序。中断程序通常可以由以下条件触发：

■ 一个外部输入信号突然变为 0 或 1；

■ 一个设定的时间到达后；

■ 机器人到达某一指定位置；

■ 当机器人发生某一个错误时。

中断使用的具体步骤如下：

1. 中断声明

在机器人的程序中中断事件和中断程序可以用 INTERRUPT … DECL … WHEN … DO … 来定义声明，在程序中最多允许声明 32 个中断，在同一时间最多允许有 16 个中断激活。中断声明是一个指令，它必须位于程序的指令部分，不允许位于声明部分。声明后将先取消中断，然后才能对定义的时间做出反应。

中断声明的句法：

<GLOBAL> INTERRUPT DECL Prio WHEN 事件 DO 中断程序

中断声明指令如表 4-8 所示。

表 4-8　中断声明指令说明

参数	说　　明
<GLOBAL>	全局：在声明的开头写有关键词 GLOBAL 的中断为全局中断
Prio	优先级：有优先级 1、2、4~39 和 81~128 可供选择； 　　　　优先级 3 和 40~80 是预留给系统应用的。 如果多个中断同时出现，则先执行最高优先级的中断，然后再执行优先级低的中断（1 为最高优先级）
事件	触发中断的事件，可以通过一个脉冲上升沿被识别
中断程序	应处理的中断程序名称，该子程序被称为中断程序

实例：中断声明

```
INTERRUPT  DECL 20 WHEN $IN[1]==TRUE  DO  INTERRUPT_PROG( )
;非全局中断
;优先级:20
;事件:输入端 1 的上升沿
;中断程序:INTERRUPT_PROG( )
```

2. 启动/关闭/禁止/开通中断

对中断进行了声明后必须接着将其激活，用指令 INTERRUPT ...可激活一个中断、取消一个中断、禁止一个中断、开通一个中断，如表 4-9 所示。

句法：

```
INTERRUPT 操作 < 编号 >
```

表 4-9　中断指令说明

参数	说　　明
操作	ON：激活一个中断； OFF：取消激活一个中断； DISABLE：禁止一个中断； ENABLE：开通一个原本禁止的中断
编号	对应执行操作的中断程序的编号（也就是优先级）； 编号可以省去：在这种情况下,ON 或 OFF 针对所有声明的中断,DISABLE 或 ENABLE 针对所有激活的中断

实例：启动/关闭/禁止/开通中断。

```
INTERRUPT DECL 20 WHEN $IN[1]==TRUE DO INTERRUPT_PROG( );中断声明
...
INTERRUPT ON 20  ;中断被识别并被立即执行
...
INTERRUPT DISABLE 20  ;中断被禁止
```

89

```
…
INTERRUPT ENABLE 20   ;激活禁止的中断
…
INTERRUPT OFF 20   ;中断已关闭
```

3. 定义并建立中断程序

对中断进行了声明和激活之后，机器人就可以执行对应的中断程序了。那么我们可以建立一个相对应的中断程序。在机器人运动过程中可以触发中断。

```
DEF MY_PROG( )
INI
INTERRUPT  DECL  20  WHEN  $IN[1]==TRUE  DO  ERROR( );中断声明
INTERRUPT  ON  20  ;激活中断
PTP  HOME  Vel=100%  DEFAULT
PTP  P1  Vel=100%  PDAT1
PTP  P2  Vel=100%  PDAT2
PTP  HOME  Vel=100%  DEFAULT
INTERRUPT  OFF  25  ;关闭中断
END
DEF  ERROR( );中断程序
    $OUT[2]=FALSE;将输出端 2 置 0
    $OUT[3]=TRUE;将输出端 3 置 1
END
```

4.3.10 了解机器人程序外部自动运行

在 KUKA 机器人系统中可以通过外部自动运行接口与上级控制器（例如一个 PLC）连接来控制机器人进程。上级控制系统通过外部自动运行接口向机器人控制系统发出机器人进程的相关信号（如运行许可、故障确认、程序启动等）。机器人控制系统向上级控制系统发出有关运行状态和故障状态的信息。

外部自动运行输入/输出端信号如图 4-16 所示。

1. 输出端信号

（1）$STOPMESS——停止信息。

该输出端由机器人控制系统来设定，以向上级控制器显示出现了一条要求停住机器人的信息提示。（例如：紧急停止按键、运行开通或操作人员防护装置）

（2）PGNO_REQ——程序号问询。

在该输出端信号变化时，要求上级控制器传送一个程序号。如果 PGNO_TYPE 值为 3，则 PGNO_REQ 不被分析。

（3）APPL_RUN——应用程序在运行中。

机器人控制系统通过设置此输出端来通知上级控制系统机器人正在处理有关程序。

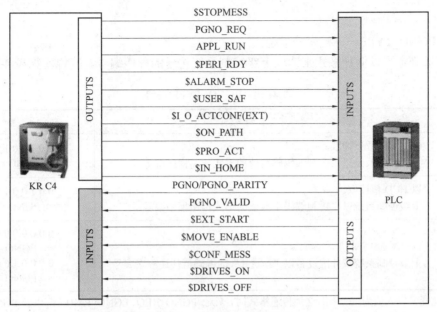

图 4–16 输入/输出端信号

（4）$PERI_RDY——驱动装置处于待机状态。

通过设定此输出端机器人控制系统通知上级控制系统机器人驱动装置已接通。

（5）$ALARM_STOP——紧急停止。

该输出端将在出现以下紧急停止情形时复位：

■ 按下了库卡控制面板（KCP）上的紧急停止按键（内部紧急关断）。

■ 外部紧急停止。

（6）$USER_SAF——操作人员防护装置/防护门。

该输出端在打开护栏询问开关（运行方式 AUT）或放开确认开关（运行方式 T1 或 T2）时复位。

（7）$I_O_ACTCONF——外部自动运行激活。

选择了外部自动运行这一运行方式并且输入端$I_O_ACT 为 TRUE（一般始终设为$IN[1025]）后，输出端为 TRUE。

（8）$ON_PATH——机器人位于轨迹上。

只要机器人位于编程设定的轨迹上，此输出端即被赋值。在进行了 BCO 运行后输出端ON_PATH 即被赋值。输出端保持激活，直到机器人离开了轨迹、程序复位或选择了语句。但信号 ON_PATH 无公差范围，机器人一离开轨迹，该信号便复位。

（9）$PRO_ACT——程序激活/正在运行。

当一个机器人层面上的过程被激活时，始终给该输出端赋值。在处理一个程序或中断时，过程为激活状态。程序结束时的程序处理只有在所有脉冲输出端和触发器均处理完毕之后才视为未激活。

（10）$IN_HOME——机器人位于起始位置（HOME）。

该输出端通知上级控制器机器人正位于其起始位置（HOME）。

2. 输入端信号

（1）PGNO_TYPE——程序号类型。

此变量确定了以何种格式来读取上级控制系统传送的程序编号。其说明如表 4–10 所示。

表 4–10　PGNO_TYPE 说明

值	说　明	实　例
1	以二进制数值读取。 上级控制系统以二进制编码整数值的形式传递程序编号	0 0 1 0 0 1 1 1 => PGNO = 39
2	以 BCD 值读取。 上级控制系统以二进制编码小数值的形式传递程序编号	0 0 1 0 0 1 1 1 => PGNO = 27
3	以 "N 选 1" 的形式读取*。 上级控制系统或外围设备以 "N 选 1" 的编码值传递程序编号	0 0 0 0 0 0 0 1 => PGNO = 1 0 0 0 0 1 0 0 0 => PGNO = 4

注：*此变量输入值为 "3" 采用这种传递格式时，未对 PGNO_REQ、PGNO_PARITY 以及 PGNO_VALID 的值进行分析，因此无意义。

（2）PGNO_LENGTH——程序号长度。

此变量确定了上级控制系统传送的程序编号的位宽。值域：1～16。若 PGNO_TYPE 的值为 2，则只允许位宽为 4、8、12 和 16。

（3）PGNO_PARITY——程序号的奇偶位。

此变量表示上级控制系统传递奇偶位的输入端。其说明如表 4–11 所示。

表 4–11　PGNO_PARITY 说明

输入端	函　数
负值	奇校验
0	无分析
正值	偶校验

如果 PGNO_TYPE 值为 3，则 PGNO_PARITY 不被分析。

（4）PGNO_VALID——程序号有效。

此变量表示上级控制系统传送读取程序号指令的输入端。其说明如表 4–12 所示。

表 4–12　PGNO_VALID 说明

输入端	函　数
负值	在信号的脉冲下降沿应用编号
0	在线路 EXT_START 处随着信号的脉冲上升沿应用编号
正值	在信号的脉冲上升沿应用编号

（5）$EXT_START——外部启动。

设定了该输入端后，输入/输出接口激活时将启动或继续一个程序（一般为 CELL.src）。

（6）$MOVE_ENABLE——允许运行。

该输入端用于由上级控制器对机器人驱动器进行检查。其说明如表 4–13 所示。

表 4–13　$MOVE_ENABLE 说明

信号	功　　能
TRUE	可手动运行和执行程序
FALSE	停住所有驱动装置并锁定所有激活的指令

（7）$CONF_MESS——确认信息提示。

通过给该输入端赋值，当故障原因排除后，上级控制器将自己确认故障信息。

（8）$DRIVES_ON——驱动装置接通。

如果在此输入端上持续施加了至少 20 ms 的高脉冲，则上级控制系统会接通机器人驱动装置。

（9）$DRIVES_OFF——驱动装置关闭。

如果在此输入端上持续施加了至少 20 ms 的低脉冲，则上级控制系统会关断机器人驱动装置。

3. CELL 程序的结构和功能

管理由 PLC 传输的程序号时，需要使用控制程序 CELL.src。该程序始终位于文件夹"R1"中。与任何常见的程序一样，CELL 程序也可以进行个性化调整，但程序的基本结构必须保持不变。CELL 程序标注及标注说明如图 4–17 和表 4–14 所示。

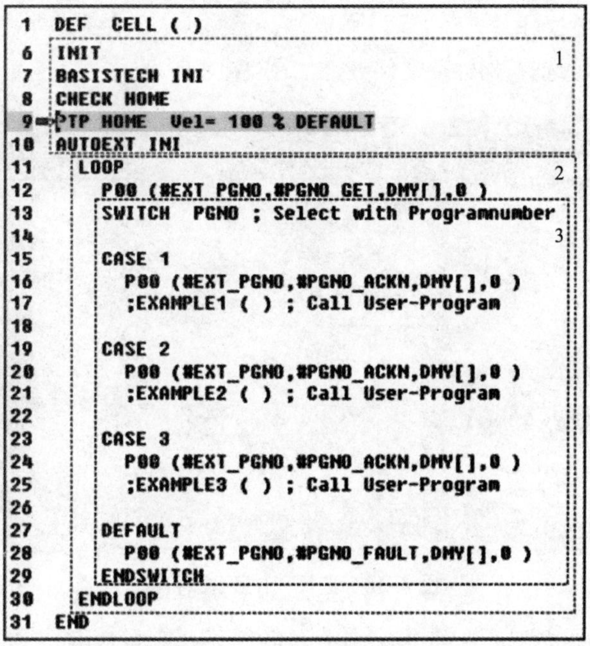

```
 1  DEF  CELL ( )
 6  INIT                                              1
 7  BASISTECH INI
 8  CHECK HOME
 9  PTP HOME  Vel= 100 % DEFAULT
10  AUTOEXT INI
11  LOOP                                              2
12    P00 (#EXT PGNO,#PGNO GET,DMY[],0 )
13    SWITCH  PGNO ; Select with Programnumber
14                                                    3
15    CASE 1
16      P00 (#EXT_PGNO,#PGNO_ACKN,DMY[],0 )
17      ;EXAMPLE1 ( ) ; Call User-Program
18
19    CASE 2
20      P00 (#EXT_PGNO,#PGNO_ACKN,DMY[],0 )
21      ;EXAMPLE2 ( ) ; Call User-Program
22
23    CASE 3
24      P00 (#EXT_PGNO,#PGNO_ACKN,DMY[],0 )
25      ;EXAMPLE3 ( ) ; Call User-Program
26
27    DEFAULT
28      P00 (#EXT_PGNO,#PGNO_FAULT,DMY[],0 )
29    ENDSWITCH
30  ENDLOOP
31  END
```

图 4–17　CELL 程序标注

表 4–14 CELL 程序标注说明

编号	说　明
1	初始化和 HOME 位置 ■ 初始化基坐标参数 ■ 根据"HOME"位置检查机器人位置 ■ 初始化外部自动运行接口
2	无限循环： ■ 通过模块"P00"询问程序号 ■ 进入已经确定程序号的选择循环
3	■ 根据程序号（保存在变量"PGNO"中）跳转至相应的分支（"CASE"）中 ■ 记录在分支中的机器人程序即被运行 ■ 无效的程序号会导致程序跳转至"默认的"分支中 ■ 运行成功结束后会自动重复这一循环

4.4 任务实现

4.4.1 新建一个程序模块

通过上一节我们了解了 KUKA 机器人的程序，下面介绍通过机器人的示教器进行程序模块和程序的创建及相关操作。

（1）在导航器下，选择"R1"文件夹，如图 4–18 所示。

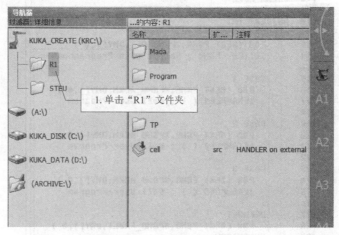

图 4–18 选择"R1"文件夹

（2）在"R1"文件夹下，选择 Program 文件夹，如图 4–19 所示。

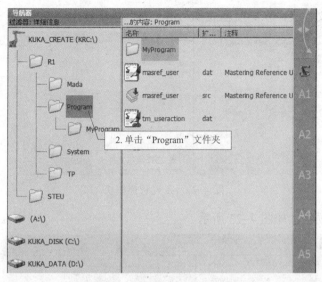

图 4-19 选择 Program 文件夹

（3）在导航器的底部，单击"新"按钮就可以新建一个程序文件夹，如图 4-20 所示。

图 4-20 新建文件夹

（4）将新建的程序文件夹命名，如图 4-21 所示。

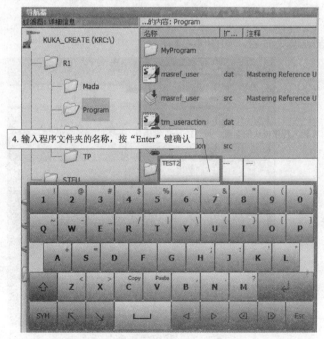

图 4-21 文件夹命名

（5）选择程序文件夹，在导航器底部单击"新"按钮新建程序模块，如图 4–22 所示。

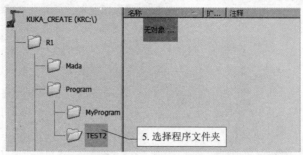

图 4–22　新建程序模块

（6）选择程序模板，如图 4–23 所示。

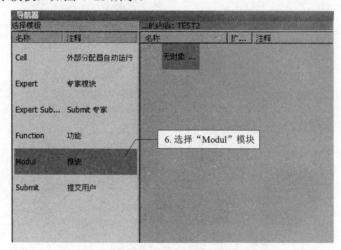

图 4–23　选择程序模板

（7）为新建的程序模块命名，如图 4–24 所示。

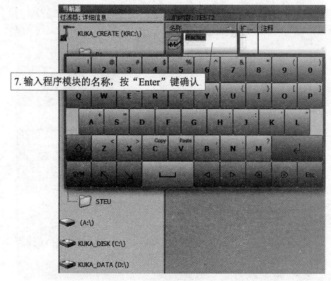

图 4–24　程序模块命名

（8）新建完模块后，系统生成两个文件（图4-25）：一个".src"文件，用于存放程序；另一个为".dat"文件，用于存放程序中的数据。

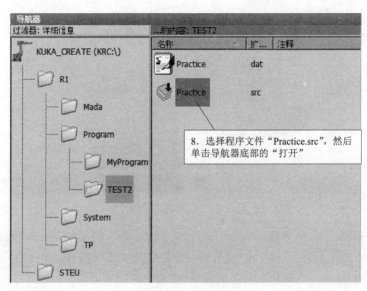

图4-25 生成文件

（9）打开程序文件，显示程序代码，如图4-26所示。

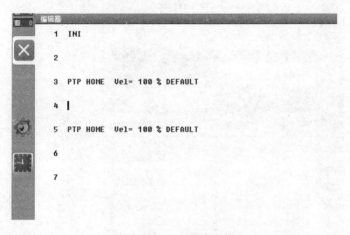

图4-26 打开程序文件

4.4.2 编写一个机器人运动轨迹的程序

通过前面的章节我们了解了程序模块的建立和机器人的运动指令，下面介绍通过机器人的示教器编写一个机器人运动的程序，具体运动轨迹如图4-27所示。

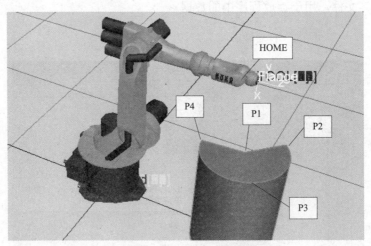

图 4-27　简单运动程序

工作要求：机器人从 HOME 点开始关节运动到 P1 点，P1 点线性运动到 P2 点，然后从 P2 点开始经 P3 点圆弧运动到 P4 点，最后再从 P4 点关节运动到 HOME 点。

（1）打开程序模块，添加机器人运动指令，如图 4-28 所示。

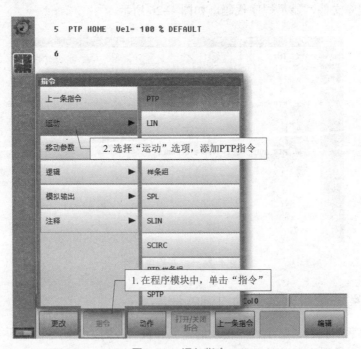

图 4-28　添加指令

（2）示教目标点（须事先建立工具坐标系和基坐标系），如图 4–29～图 4–32 所示。

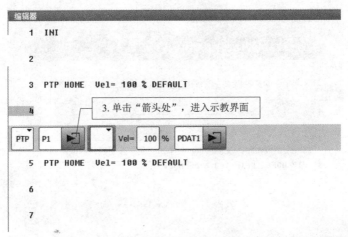

图 4–29　修改坐标参数

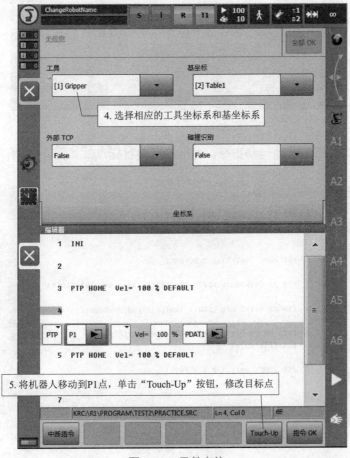

图 4–30　示教点位

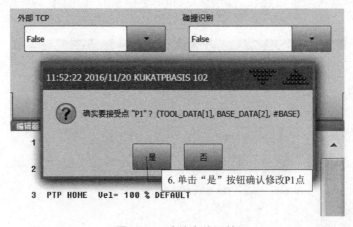

图4-31　确认点位示教

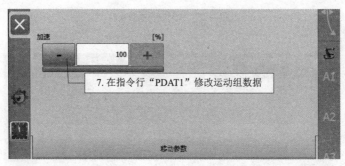

图4-32　修改运动组数据

（3）按上述方法添加其他运动指令，并准确示教目标点，如图4-33所示。

图4-33　编程完成

4.4.3 通过 KUKA smartPAD 对程序进行调试

（1）选定程序，如图 4-34 所示。

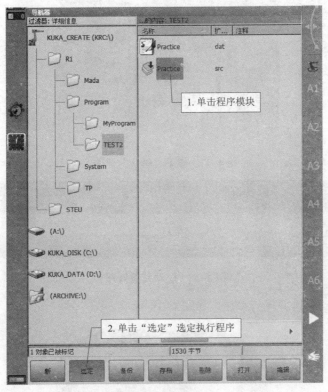

图 4-34 选定程序

（2）设定程序执行的速度和方式（在首次调试程序时，执行的速度要慢，执行的方式选择步进），如图 4-35、图 4-36 所示。

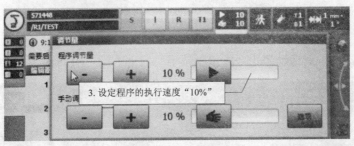

图 4-35 设定速度

图 4-36 选择执行方式

（3）按下确认开关，连接驱动装置，如图4–37和图4–38所示。

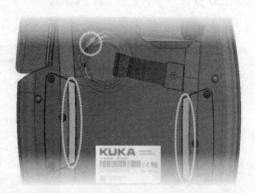

图4–37 按下"确认"开关

图4–38 驱动装置打开

（4）按下"启动"键并保持按住，如图4–39所示。

图4–39 启动

（5）到达目标位置后运动停止（须重新按下"启动"键，启动程序），如图4–40所示。

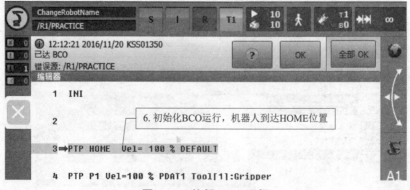

图4–40 执行 BCO 运行

（6）按上述方法，调试机器人程序，程序指针执行结束后，程序状态变为黑色，如图4-41所示。

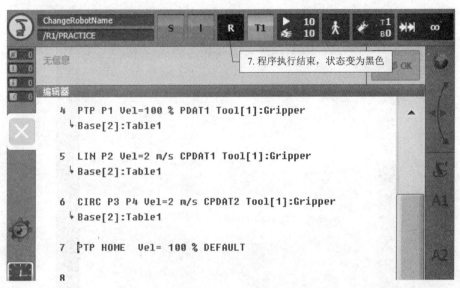

图 4-41　调试程序

4.4.4　编写两个不同运动轨迹的子程序，在主程序中调用

通过前面的章节我们了解了子程序，下面介绍通过机器人的示教器编写两个不同运动轨迹的子程序，在主程序中调用。

（1）新建程序模块，如图4-42所示。

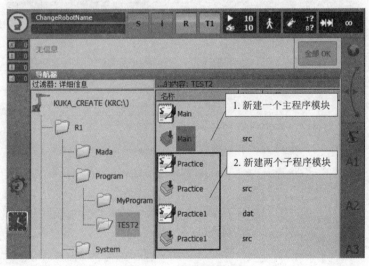

图 4-42　新建程序模块

（2）打开主程序模块，调用子程序，如图 4–43 所示。

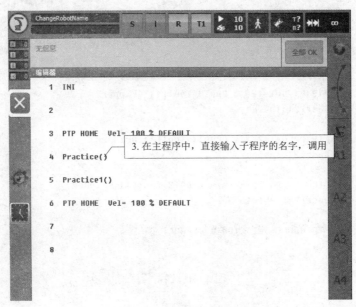

图 4–43　调用子程序

（3）为子程序添加运动轨迹，如图 4–44 和图 4–45 所示。

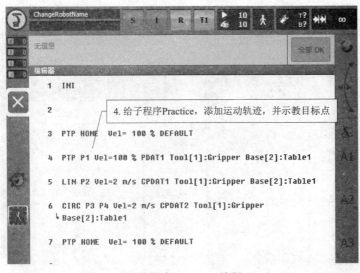

图 4–44　子程序 Practice 编程（一）

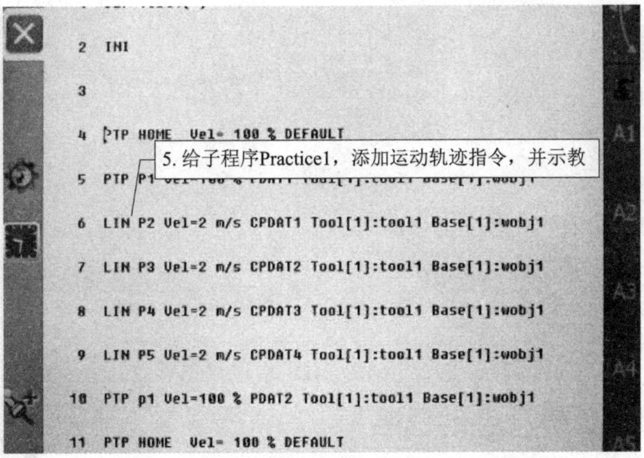

图 4-45 子程序 Practice 编程（二）

4.4.5 搬运程序

```
DEF carry( )
DECL E6POS Pplace
DECL INT a
DECL REAL  dx,dy
dx=150
dy=100
$OUT[1]=FALSE
INT

PTP HOME  Vel= 100 % DEFAULT
WAIT Time=2 sec
LOOP
PTP  P1  Vel=100%  PDAT1  Tool[1]  Base[0]
PTP  P2  Vel=100%  PDAT2  Tool[1]  Base[0]
LIN  Pick  Vel=2 m/s  PDAT3  Tool[1]  Base[0]      ;以直线方式运行到拾取点
$OUT[1]=TRUE                 ;真空打开,吸取物料
WAIT Time=0.5 sec             ;等待 0.5 s,吸取动作完成
PTP  XP2                ;将物体吸取向上提起到安全点 P2
Pplace=XP4               ;放置点赋值
Pplace.x= Pplace.x +dx       ;放置点 X 轴偏移计算
Pplace.y= Pplace.y +dy       ;放置点 Y 轴偏移计算
Pplace.z= Pplace.z +100      ;放置点 Z 轴偏移计算(增加 100 mm 作为准备点)
PTP  Pplace             ;PTP 运动到放置点正上方 100 mm 处
Pplace.z= Pplace.z-100       ;减少 100 mm 到放置点
```

```
LIN  Pplace                  ;以直线方式运行到放置点
$OUT[1]=FALSE                ;真空关闭,放料
WAIT Time=0.5 sec
Pplace.z= Pplace.z +100
LIN  Pplace
ENDLOOP
PTP HOME  Vel= 100 % DEFAULT


END
```

4.4.6　建立 PLC 外部启动程序

通过前面的章节我们了解了外部启动程序，下面介绍通过机器人的示教器编写一个 PLC 外部启动程序。

（1）切换到"专家"用户组。

（2）打开 CELL.src。

（3）在"CASE"段中将名称"EXAMPLE"用应从相应的程序编号调出的程序名称替换。删除名称前的分号。

```
DEF  CELL( )
 ;EXT EXAMPLE1( )
 ;EXT EXAMPLE2( )
 ;EXT EXAMPLE3( )
INIT
BASISTECH INI
CHECK HOME
PTP HOME  Vel= 100 % DEFAULT
AUTOEXT INI
 LOOP
   P00(#EXT_PGNO,#PGNO_GET,DMY[],0 )
   SWITCH  PGNO ; Select with Programnumber
   CASE 1
     P00(#EXT_PGNO,#PGNO_ACKN,DMY[],0 )
     Test1( )             ;修改调用程序的名称 Test1
   CASE 2
     P00(#EXT_PGNO,#PGNO_ACKN,DMY[],0 )
     Test2( )             ;修改调用程序的名称 Test2
   CASE 3
     P00(#EXT_PGNO,#PGNO_ACKN,DMY[],0 )
     Test3( )             ;修改调用程序的名称 Test3
```

```
    DEFAULT
      P00(#EXT_PGNO,#PGNO_FAULT,DMY[],0 )
    ENDSWITCH
  ENDLOOP
END
```

4.5 考核评价

任务一　使用 KUKA smartPAD 新建程序模块与编辑程序

要求：掌握使用 KUKA smartPAD 新建程序模块与编辑程序，能用专业语言正确、流利地展示配置的基本步骤，思路清晰、有条理，能圆满回答老师与同学提出的问题，并能提出一些新的建议。

任务二　熟悉常用的运动指令，编写一个程序，并调试

要求：熟悉常用的运动指令如 PTP、LIN、CIRC 等，能通过这些运动指令编写一个运动轨迹程序，并学会用示教器进行调试，能用专业语言正确、流利地展示配置的基本步骤，思路清晰、有条理，能圆满回答老师与同学提出的问题，并能提出一些新的建议。

任务三　熟悉机器人程序结构，学会结构化编程

要求：熟悉机器人程序结构，了解机器人的逻辑控制指令如 IF、FOR、LOOP 等，学会结构化编程，能用专业语言正确、流利地展示配置的基本步骤，思路清晰、有条理，能圆满回答老师与同学提出的问题，并能提出一些新的建议。

4.6 扩展提高

任务一　连接 PLC，建立外部自动运行程序

要求：了解 KUKA 机器人的外部启动，连接 PLC，建立外部自动运行程序，能用专业语言正确、流利地展示配置的基本步骤，思路清晰、有条理，能圆满回答老师与同学提出的问题，并能提出一些新的建议。

任务二　编写一段外部中断程序对 num 进行加 1 操作

要求：了解 KUKA 机器人的中断程序，编写一段外部中断程序对 num 进行加 1 操作，能用专业语言正确、流利地展示配置的基本步骤，思路清晰、有条理，能圆满回答老师与同学提出的问题，并能提出一些新的建议。

项目五

KUKA 机器人 TCP 练习与写字绘图

5.1 项目描述

工业机器人是面向工业领域的多关节机械手或多自由度的机器装置，它能自动执行工作，是靠自身动力和控制能力来实现各种功能的一种机器。它可以接受人类指挥，也可以按照预先编排的程序运行，现代的工业机器人还可以根据人工智能技术制定的原则纲领行动。

但是市面上没有专门用于学习工业机器人入门的产品，利用我们的 TCP 练习模块和写字绘图模块可以使初学者轻松地入门，通过将绘画笔安装在机器人法兰盘上来设定好相关的工具坐标系和基坐标系，基坐标系需设置精确，写字绘图非常考验学生坐标系的设定。可以通过在自己设定好的坐标系下运行来测试坐标系是否符合要求，然后通过机器人示教器将相应字的点位保存，多次手动慢速运行机器人，确认无误后再自动运行或外部自动运行。

5.2 教学目的

通过本项目的学习让学生了解 KUKA 机器人的工具坐标系的设定、基坐标系的设定，并掌握设定的方法及意义。掌握各条运动指令的用法及其应用场合，熟练地掌握 KUKA 机器人的手动操纵方法，通过示教器正确地操作机器人，并对机器人进行示教。本项目内容为 KUKA 机器人基础知识及手动操作，会出现大量的点位示教环节，学生可以按照本项目所讲的操作方法同步操作，为后续复杂程序编写等打下坚实的基础。

5.3　知　识　准　备

5.3.1　KUKA 机器人常用的运动指令

机器人在空间进行运动主要有 3 种方式：点到点运动（PTP）、线性运动（LIN）、圆弧运动（CIRC）。这 3 种方式的运动指令分别介绍如下：

1. 点到点运动（PTP）

关节运动指令是在对路径精度要求不高的情况下，机器人的 TCP 从一个位置移动到另一个位置，两个位置之间的路径不一定是直线（图 5–1）。点到点运动指令适合机器人大范围运动时使用，不易在运动过程中出现关节轴进入机械死点位置的问题。其指令解析如表 5–1 所示。

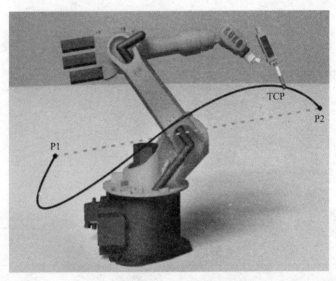

图 5–1　点到点运动

例如：`PTP P2 CONT Vel=100% PDAT1 Tool[0] Base[0]`

表 5–1　点到点运动指令解析

序号	参数	说　明
1	PTP	点到点运动指令
2	P2	目标点位置数据
3	CONT	CONT：转弯区数据，空白：准确到达目标点
4	Vel	PTP 运动：1%～100%；沿轨迹的运动：0.001～2 m/s
5	PDAT1	运动数据组：加速度、转弯区半径、姿态引导

序号	参数	说　明
6	Tool[0]	工具坐标系
7	Base[0]	基坐标（工件）系

2. 线性运动（LIN）

线性运动是机器人的 TCP 从起点到终点之间的路径始终保持直线（图 5–2），适用于对路径精度要求高的场合，如切割、涂胶等。其指令解析如表 5–2 所示。

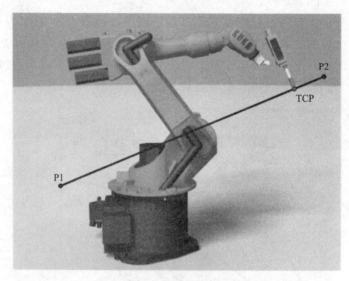

图 5–2　线性运动

例如：LIN P2 CONT Vel=2 m/s CPDAT1 Tool[0] Base[0]

表 5–2　线性运动指令解析

序号	参数	说　明
1	LIN	线性运动指令
2	P2	目标点位置数据
3	CONT	CONT：转弯区数据，空白：准确到达目标点
4	Vel	PTP 运动：1%～100%；沿轨迹的运动：0.001～2 m/s
5	CPDAT1	运动数据组：加速度、转弯区半径、姿态引导
6	Tool[0]	工具坐标系
7	Base[0]	基坐标（工件）系

3. 圆弧运动（CIRC）

圆弧运动是机器人在可到达的空间范围内定义三个位置点，第一个位置点是圆弧的起点，第二个位置点是圆弧的曲率，第三个位置点是圆弧的终点（图 5-3）。其指令解析如表 5-3 所示。

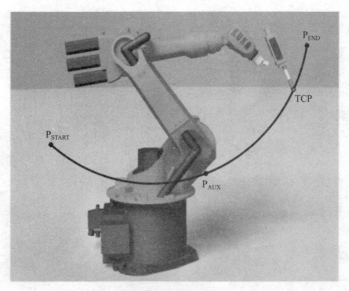

图 5-3 圆弧运动

例如：CIRC P1 P2 CONT Vel=2 m/s CPDAT1 Tool[0] Base[0]

表 5-3 圆弧运动指令解析

序号	参数	说　明
1	CIRC	圆弧运动指令
2	P1	辅助点位置数据
3	P2	目标点位置数据
4	CONT	CONT：转弯区数据，空白：准确到达目标点
5	Vel=2 m/s	速度 2 m/s
6	CPDAT1	运动数据组：加速度、转弯区半径、姿态引导
7	Tool[0]	工具坐标系
8	Base[0]	基坐标（工件）系

5.4　任务实现

5.4.1　工具坐标系及载荷的建立

工具中心点（Tool Center Point，TCP）是机器人运动的基准。机器人的工具坐标系由工具中心点与坐标方位组成，机器人连动时，工具坐标系是必需的。

首先建立一个新的工具数据 TCP[5]　TCP_Pen。如图 5-4 中的圆圈位置，两者皆可。

图 5-4　建立工具数据

操作步骤：

（1）在主菜单中选择投入运行→测量→工具→*XYZ* 4 点。

（2）为待测量的工具（绘画笔或 TCP 练习笔）给定一个号码（例如 5）和一个名称（例如 TCP_Pen）。用"继续"键确认。

（3）用 TCP 移至任意一个参照点。单击"测量"键。单击"是"键回答安全询问。

（4）用 TCP 从一个其他方向朝参照点移动。单击"测量"键。单击"是"键回答安全询问。

（5）把第（4）步重复两次。

（6）输入负载数据。质量 mass（约 2 kg）（如果要单独输入负载数据，则可以跳过该步骤）。

（7）用"继续"键确认。

（8）在需要时，可以让测量点的坐标和姿态以增量和角度显示（以法兰坐标系为基准）。为此按下测量点，然后通过退回返回到上一个视图。

（9）或：单击"保存"按钮，然后通过关闭图标关闭窗口。

或：按下 *ABC* 2 点法或 *ABC* 世界坐标法。迄今为止的数据被自动保存，并且自动打开一个可以在其中输入工具坐标系姿态的窗口。

使用示教器移动机器人将待测量工具的 TCP 从 4 个不同方向移向一个参照点。参照点可以任意选择。机器人控制系统从不同的法兰位置值中计算出 TCP，如图 5-5 所示。

全部修改完成单击"确认"键，就可以查看计算出的误差（如没有问题单击"确认"键，反之单击"取消"键重新示教点位）。

工具坐标创建成功。

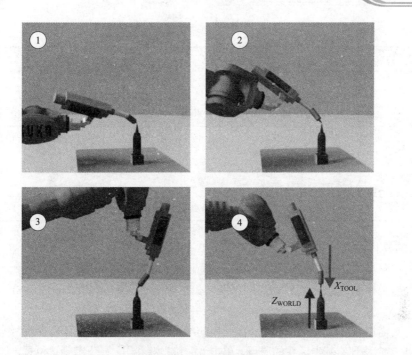

图 5-5 示教工具坐标

5.4.2 基坐标系的建立

基坐标系表示根据世界坐标系在机器人周围的某一个位置上创建的坐标系，如图 5-6 所示。其目的是使机器人的运动以编程设定的位置均以该坐标系为参照。因此，设定的工件支座和抽屉的边缘、货盘或机器的边缘均可作为测量基准坐标系中合理的参考点。

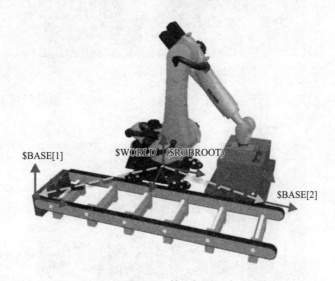

图 5-6 基坐标系

基坐标系测量的方法有 3 点法、间接法、数字输入法三种，如表 5-4 所示。

表 5-4　基坐标系测量方法

方法	说　明
3 点法	1. 定义原点 2. 定义 X 轴的正方向 3. 定义 Y 轴的正方向（XY 平面）
间接法	当无法移至基坐标原点时，例如，由于该点位于工件内部或位于机器人工作空间之外时，须采用间接法。 此时须移至基坐标的 4 个点，其坐标值必须已知（CAD 数据）。机器人控制系统根据这些点计算基坐标
数字输入法	直接输入至世界坐标系的距离值（X，Y，Z）和转角（A，B，C）

3 点法的具体操作步骤如下：

（1）在主菜单中选择投入运行→测量→基坐标系→3 点。

（2）为基坐标系分配一个号码（例如 4）和一个名称（例如 Practice_BASE）。用"继续"键确认。

（3）输入需用其 TCP 测量基坐标的工具的编号（例如刚建立的 5）。用"继续"键确认。

（4）用 TCP 移到新基坐标系的原点。单击"测量"键并用"是"键确认位置，如图 5-7 所示。

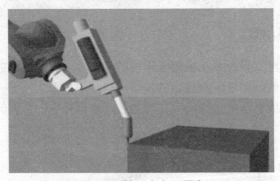

图 5-7　第一个点：原点

（5）将 TCP 移至新基坐标系正向 X 轴上的一个点。单击"测量"键并用"是"键确认位置，如图 5-8 所示。

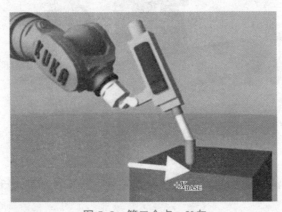

图 5-8　第二个点：X 向

（6）将 TCP 移至 XY 平面上一个带有正 Y 值的点。单击"测量"键并用"是"键确认位置，如图 5–9 所示。

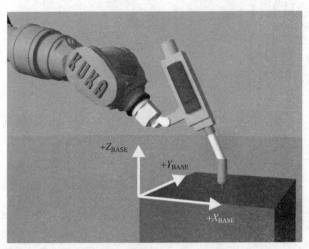

图 5–9　第三个点：XY 平面

（7）按下"保存"键。

（8）关闭菜单。

对应多功能工作站如图 5–10 所示，以螺丝孔位或者物件边缘为参考，箭头所指方向为对应的坐标轴的正方向。

图 5–10　基坐标系建立

5.4.3　走曲线程序的点位示教

本任务中，一共需要示教 9 个点（不包括开始点和结束点），位置如图 5–11 所示。

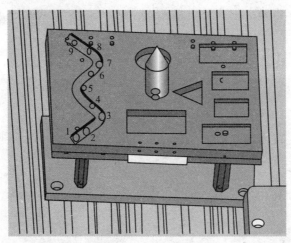

图 5-11 TCP 练习点位示教

5.4.4 走曲线程序的编写

```
*************************机器人走曲线程序*************************
DEF Practice( )
INI                    ;初始化
PTP HOME Vel=15 % DEFAULT  ;回原点
PTP A_CURVE1 CONT Vel=15 % PDAT1 Tool[5]:TCP Pen Base[4]:Practice_
BASE  ;PTP 关节运动到 A_CURVE1 点,速度为 15%,使用的工具坐标为 Tool[5]:TCP Pen,
基坐标为 Base[4]:Practice_BASE
LIN A_CURVE2 Vel=0.1 m/s CPDAT1 Tool[5]:TCP Pen Base[4]:Practice_BASE  ;
线性运动到 A_CURVE2 点,速度为 0.1 m/s,使用的工具坐标为 Tool[5]:TCP Pen,基坐标为
Base[4]:Practice_BASE
LIN A_CURVE3 CONT Vel=0.1 m/s CPDAT2 Tool[5]:TCP Pen Base[4]:Practice_
BASE
CIRC A_CURVE4 A_CURVE5 CONT Vel=0.1 m/s CPDAT3 Tool[5]:TCP Pen Base[4]:
Practice_BASE
CIRC A_CURVE10 A_CURVE11 CONT Vel=0.1 m/s CPDAT7 Tool[5]:TCP Pen Base[4]:
Practice_BASE
CIRC A_CURVE6 A_CURVE7 CONT Vel=0.1 m/s CPDAT4 Tool[5]:TCP Pen Base[4]:
Practice_BASE
LIN A_CURVE8 Vel=0.1 m/s CPDAT5 Tool[5]:TCP Pen Base[4]:Practice_BASE
LIN A_CURVE9 Vel=0.15 m/s CPDAT6 Tool[5]:TCP Pen Base[4]:Practice_BASE
PTP HOME Vel=15 % DEFAULT
WAIT SEC 0.02  ;等待 0.02 秒,止住预进指针
RET=EKI_SetString("KRTMessage","Robot/String","Start*OK")  ;准备向上位机
发送"Start*OK"表示可以进行下一个工作了
RET=EKI_Send("KRTMessage","Robot")  ;发送
```

END

5.4.5 写字绘图程序的点位示教

在本任务中，示教的点位比较多。但都是按照笔画来的，一笔由 2 个点组成，再加上 1 个笔画起点和终点，这里起点和终点不需要示教，用指令偏移出来即可。具体点位如图 5–12 所示，点位都标记在图中，图中命名的格式为 W_（要写的字）_第几笔画的格式，目标位置的名称可以根据自己的习惯定义。

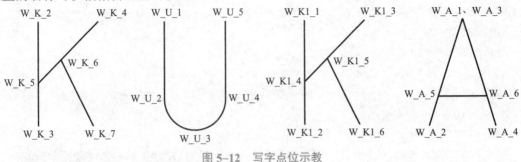

图 5–12　写字点位示教

5.4.6 写字绘图程序的程序编写

```
DEF Writing( ) ;写字主程序
INI
PTP HOME Vel=15 % DEFAULT  ;回原点
    W_KUKA( ) ;调用写字(KUKA)程序
PTP HOME Vel=15 % DEFAULT  ;回原点
WAIT SEC 0.02  ;等待0.02s
RET=EKI_SetString("KRTMessage","Robot/String","Start*OK") ;向上位机发送
"Start*OK"表示完成,可以进行下一个工作
RET=EKI_Send("KRTMessage","Robot") ;发送
END


DEF W_KUKA( )


;*****************************写第一个K字*****************************
XREADYPOS=XW_K_2  ;点位赋值,XREADYPOS为变量点位,XW_K_2为示教的点位
XREADYPOS.Z=XW_K_2.Z+4  ;抬笔,将高度提高4 mm
LIN READYPOS CONT Vel=0.15 m/s CPDAT32 Tool[5]:TCP_Pen Base[4]:Practice_
BASE
LIN W_K_2 Vel=0.05 m/s CPDAT7 Tool[5]:TCP_Pen Base[4]:Practice_BASE
LIN W_K_3 Vel=0.05 m/s CPDAT8 Tool[5]:TCP_Pen Base[4]:Practice_BASE
XREADYPOS=XW_K_3
XREADYPOS.Z=XW_K_3.Z+4
```

117

```
LIN READYPOS CONT Vel=0.15 m/s CPDAT32 Tool[5]:TCP_Pen Base[4]:Practice_
BASE
XREADYPOS=XW_K_4
XREADYPOS.Z=XW_K_4.Z+4
LIN READYPOS CONT Vel=0.15 m/s CPDAT32 Tool[5]:TCP_Pen Base[4]:Practice_
BASE
LIN W_K_4 Vel=0.05 m/s CPDAT9 Tool[5]:TCP_Pen Base[4]:Practice_BASE
FOLD LIN W_K_5 Vel=0.05 m/s CPDAT10 Tool[5]:TCP_Pen Base[4]:Practice_BASE
XREADYPOS=XW_K_5
XREADYPOS.Z=XW_K_5.Z+4
LIN READYPOS CONT Vel=0.15 m/s CPDAT32 Tool[5]:TCP_Pen Base[4]:Practice_
BASE
XREADYPOS=XW_K_6
XREADYPOS.Z=XW_K_6.Z+4
LIN READYPOS CONT Vel=0.15 m/s CPDAT32 Tool[5]:TCP_Pen Base[4]:Practice_
BASE
LIN W_K_6 Vel=0.05 m/s CPDAT11 Tool[5]:TCP_Pen Base[4]:Practice_BASE
LIN W_K_7 Vel=0.05 m/s CPDAT12 Tool[5]:TCP_Pen Base[4]:Practice_BASE
XREADYPOS=XW_K_7
XREADYPOS.Z=XW_K_7.Z+4
LIN READYPOS CONT Vel=0.15 m/s CPDAT32 Tool[5]:TCP_Pen Base[4]:Practice_
BASE

;*******************************写U字*******************************
XREADYPOS=XW_U_1
XREADYPOS.Z=XW_U_1.Z+4
LIN READYPOS CONT Vel=0.15 m/s CPDAT32 Tool[5]:TCP_Pen Base[4]:Practice_
BASE
LIN W_U_1 Vel=0.05 m/s CPDAT13 Tool[5]:TCP_Pen Base[4]:Practice_BASE
LIN W_U_11 CONT Vel=0.05 m/s CPDAT24 Tool[5]:TCP_Pen Base[4]:Practice_BASE
CIRC W_U_2 W_U_3 CONT Vel=0.05 m/s CPDAT14 Tool[5]:TCP_Pen Base[4]:
Practice_BASE
LIN W_U_4 CONT Vel=0.05 m/s CPDAT15 Tool[5]:TCP_Pen Base[4]:Practice_BASE
XREADYPOS=XW_U_4
XREADYPOS.Z=XW_U_4.Z+4
LIN READYPOS CONT Vel=0.15 m/s CPDAT32 Tool[5]:TCP_Pen Base[4]:Practice_
BASE

;***************************写第二个K字***************************
XREADYPOS=XW_K1_1
```

```
XREADYPOS.Z=XW_K1_1.Z+4
LIN READYPOS CONT Vel=0.15 m/s CPDAT32 Tool[5]:TCP_Pen Base[4]:Practice_
BASE
LIN W_K1_1 Vel=0.05 m/s CPDAT17 Tool[5]:TCP_Pen Base[4]:Practice_BASE
LIN W_K1_2 Vel=0.05 m/s CPDAT18 Tool[5]:TCP_Pen Base[4]:Practice_BASE
XREADYPOS=XW_K1_2
XREADYPOS.Z=XW_K1_2.Z+4
LIN READYPOS CONT Vel=0.15 m/s CPDAT32 Tool[5]:TCP_Pen Base[4]:Practice_
BASE
XREADYPOS=XW_K1_3
XREADYPOS.Z=XW_K1_3.Z+4
LIN READYPOS CONT Vel=0.15 m/s CPDAT32 Tool[5]:TCP_Pen Base[4]:Practice_
BASE
LIN W_K1_3 Vel=0.05 m/s CPDAT19 Tool[5]:TCP_Pen Base[4]:Practice_BASE
LIN W_K1_4 Vel=0.05 m/s CPDAT21 Tool[5]:TCP_Pen Base[4]:Practice_BASE
XREADYPOS=XW_K1_4
XREADYPOS.Z=XW_K1_4.Z+4
LIN READYPOS CONT Vel=0.15 m/s CPDAT32 Tool[5]:TCP_Pen Base[4]:Practice_
BASE
XREADYPOS=XW_K1_5
XREADYPOS.Z=XW_K1_5.Z+4
LIN READYPOS CONT Vel=0.15 m/s CPDAT32 Tool[5]:TCP_Pen Base[4]:Practice_
BASE
LIN W_K1_5 Vel=0.05 m/s CPDAT22 Tool[5]:TCP_Pen Base[4]:Practice_BASE
LIN W_K1_6 Vel=0.05 m/s CPDAT25 Tool[5]:TCP_Pen Base[4]:Practice_BASE
XREADYPOS=XW_K1_6
XREADYPOS.Z=XW_K1_6.Z+4
LIN READYPOS CONT Vel=0.15 m/s CPDAT32 Tool[5]:TCP_Pen Base[4]:Practice_
BASE

;*****************************写A字*********************************
XREADYPOS=XW_A_1
XREADYPOS.Z=XW_A_1.Z+4
LIN READYPOS CONT Vel=0.15 m/s CPDAT32 Tool[5]:TCP_Pen Base[4]:Practice_
BASE
LIN W_A_1 Vel=0.05 m/s CPDAT26 Tool[5]:TCP_Pen Base[4]:Practice_BASE
LIN W_A_2 Vel=0.05 m/s CPDAT27 Tool[5]:TCP_Pen Base[4]:Practice_BASE
XREADYPOS=XW_A_1
XREADYPOS.Z=XW_A_1.Z+4
```

```
LIN READYPOS CONT Vel=0.15 m/s CPDAT32 Tool[5]:TCP_Pen Base[4]:Practice_
BASE
XREADYPOS=XW_A_3
XREADYPOS.Z=XW_A_3.Z+4
LIN READYPOS CONT Vel=0.15 m/s CPDAT32 Tool[5]:TCP_Pen Base[4]:Practice_
BASE
LIN W_A_3 Vel=0.05 m/s CPDAT28 Tool[5]:TCP_Pen Base[4]:Practice_BASE
LIN W_A_4 Vel=0.05 m/s CPDAT29 Tool[5]:TCP_Pen Base[4]:Practice_BASE
XREADYPOS=XW_A_4
XREADYPOS.Z=XW_A_4.Z+4
LIN READYPOS CONT Vel=0.15 m/s CPDAT32 Tool[5]:TCP_Pen Base[4]:Practice_
BASE
XREADYPOS=XW_A_5
XREADYPOS.Z=XW_A_5.Z+4
LIN READYPOS CONT Vel=0.15 m/s CPDAT32 Tool[5]:TCP_Pen Base[4]:Practice_
BASE
LIN W_A_5 Vel=0.05 m/s CPDAT30 Tool[5]:TCP_Pen Base[4]:Practice_BASE
LIN W_A_6 Vel=0.05 m/s CPDAT31 Tool[5]:TCP_Pen Base[4]:Practice_BASE
XREADYPOS=XW_A_6
XREADYPOS.Z=XW_A_6.Z+150
LIN READYPOS CONT Vel=0.15 m/s CPDAT33 Tool[5]:TCP_Pen Base[4]:Practice_
BASE
END
```

5.5　考　核　评　价

任务一　使用机器人示教器设定绘画笔的工具坐标及工作台的基坐标

要求：能清楚描述 KUKA 机器人工具坐标的创建方法，使用示教器精确地设定 TCP，并将误差控制在 0.5 mm 以内。能清楚描述 KUKA 机器人基坐标的创建方法，使用示教器在指定的平面中设定工件坐标，通过机器人线性运动的验证，误差控制在可接受范围内。能用专业语言正确、流利地展示配置的基本步骤，思路清晰、有条理，能圆满回答老师与同学提出的问题，并能提出一些新的建议。

任务二　编写书写"KUKA"程序

要求：通过观看机器人的动作或者借鉴演示程序，编写"KUKA"程序，编程及调试过程中，做到不损坏绘画笔，不碰撞其他部件。能用专业语言正确、流利地展示配置的基本步骤，思路清晰、有条理，能圆满回答老师与同学提出的问题，并能提出一些新的建议。

5.6 扩 展 提 高

任务　独自编写搬运程序

要求：熟练掌握机器的指令及操作，根据自己的思路，编写书写自己姓名的机器人程序。

项目六

KUKA 机器人搬运码垛

6.1 项目描述

码垛，用很通俗的语言来说就是将物品整齐地堆放在一起，起初都是由人工进行，随着科技的发展，人已经慢慢地退出了这个舞台，取而代之的则是机器人，机器人码垛的优点是显而易见的。从近期看，可能刚开始投入的成本会很高，但是从长期的角度来看，还是很不错的，就工作效率来说，机器人码垛不仅速度快、美观，而且可以不间断地工作，大大地提高了工作效率。人工码垛还存在很多危险性，机器人码垛，效率和安全一手抓，适用范围广。

本项目的主要学习内容包括：KUKA 搬运码垛机器人工作站主要组成单元介绍，KUKA 搬运码垛机器人 I/O 配置方法、变量声明的介绍、程序数据赋值、外部自动运行介绍、安全门设定、中断程序应用和 Ethernet 通信介绍等。

6.2 教学目的

通过搬运码垛这一机器人典型应用，让学生了解 KUKA 搬运码垛机器人工作站主要组成单元、机器人 I/O 配置方法、物料放置位置的计算、外部自动运行介绍及安全门的设定、中断程序的使用介绍和 Ethernet 通信介绍等，本项目中涉及的知识点非常多，学生可以按照本项目所讲的操作方法同步操作。

6.3　知　识　准　备

6.3.1　KUKA 搬运码垛机器人工作站主要组成单元介绍

KUKA 搬运码垛机器人工作站如图 6-1 所示。

图 6-1　KUKA 搬运码垛机器人工作站

1—KUKA 工业机器人；2—KUKA 搬运码垛机器人夹具（吸盘）；3—KUKA 搬运码垛工作站流水线；

4—KUKA 搬运码垛工作站下料装置；5—KUKA 搬运码垛工作站托盘和物料

6.3.2　KUKA 搬运码垛机器人 I/O 配置方法

1. 硬件线路连接

KUKA 机器人 I/O 模块如图 6-2 所示。

图 6-2　KUKA 机器人 I/O 模块

1—KEI 接口；2—EK1100 EtherCAT 总线耦合器 A30；3—EL1809 输入端子 A34；

4—EL2809 输出端子 A35；5—EL9011 总线末端端子模块

本应用中我们总共需要用到 8 个输入和 5 个输出，其中 5 个输入和 3 个输出是用来做机器人外部运行的信号，另外 3 个输入分别为流水线上物料检测的光电传感器、吸盘负压检测和推料气缸伸出到位检测，另外 2 个输出分别为搬运码垛吸盘控制和自动下料系统的推料控制。

I/O 硬件接线图如图 6–3、图 6–4 所示，I/O 点位可根据实际情况进行调整。输入/输出接线方式如图 6–5 所示，均为高电平有效。

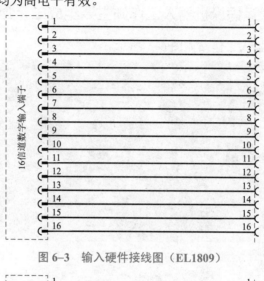

图 6–3 输入硬件接线图（EL1809）

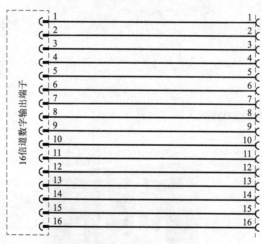

图 6–4 输出硬件接线图（EL2809）

① 输入接线方式
以输入端子 1 为例：

② 输出接线方式
以输出端子 1 为例：

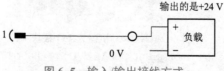

图 6–5 输入/输出接线方式

2. 使用 WorkVisual 配置输入/输出

首先打开 WorkVisual 软件，如图 6–6 所示，然后在设备中打开总线结构，可以查看到 EBus 下有 EL1809 和 EL2809，EL1809 提供 16 通道的数字输入，EL2809 提供 16 通道的数字输出。如果 EBus 下未找到 EL1809 和 EL2809，选中 EBus，单击右键即出现 DTM 选择，找到 EL1809 和 EL2809 并单击"OK"键，添加到 EBus 下即可。

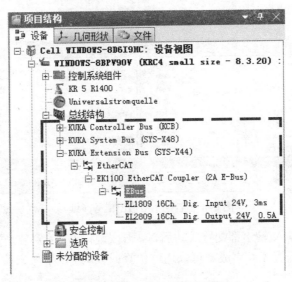

图 6–6 添加 EL1809、EL2809

然后我们打开按键栏中的"接线编辑器"，如图 6–7 所示。

图 6–7 接线编辑器

如图 6–8 所示，单击 A 区的数字输入/输出端，再单击 B 区的 EL1809/EL2809，就会出现 C 区（断开）和 D 区（连接），在 D 区内如有箭头为灰色的，就表示本组信号没有连接，选中本组信号右键单击，然后选择"连接"，成功连接后就会显示在 C 区。D 区左端 KRC 数字输入/输出端有 4 096 个（[1]~[4096]），右端 EL1809/EL2809 数字输入/输出端有 16 个（Channel 1~Channel 16），根据实际要求，单击鼠标右键，将对应的输入端连接起来。

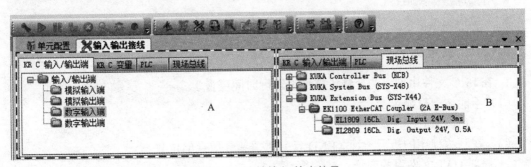

图 6–8 连接输入/输出信号

名称		型号	说明	I/O	I/O	名称	型号	地址
$IN[6]		BOOL		←	◄	Channel 6.Input	BOOL	325
$IN[7]		BOOL		←	◄	Channel 7.Input	BOOL	326
$IN[8]		BOOL		←	◄	Channel 8.Input	BOOL	327
$IN[9]		BOOL		←	◄	Channel 9.Input	BOOL	328
$IN[10]	C	BOOL		←	◄	Channel 10.Input	BOOL	329
$IN[11]		BOOL		←	◄	Channel 11.Input	BOOL	330
$IN[12]		BOOL		←	◄	Channel 12.Input	BOOL	331
$IN[13]		BOOL		←	◄	Channel 13.Input	BOOL	332
$IN[14]		BOOL		←	◄	Channel 14.Input	BOOL	333
$IN[15]		BOOL				Channel 15.Input	BOOL	334

名称		型号	说明	I/O	I/O	名称	型号	地址
$IN[9]		BOOL		←	◄	Channel 9.Input	BOOL	328
$IN[10]		BOOL		←	◄	Channel 10.Input	BOOL	329
$IN[11]		BOOL		←	◄	Channel 11.Input	BOOL	330
$IN[12]	D	BOOL		←	◄	Channel 12.Input	BOOL	331
$IN[13]		BOOL		←	◄	Channel 13.Input	BOOL	332
$IN[14]		BOOL		←	◄	Channel 14.Input	BOOL	333
$IN[15]		BOOL		←	◄	Channel 15.Input	BOOL	334
$IN[16]		BOOL				Channel 16.Input	BOOL	335

选择了1（个）信号中的1位　　　　　　　　　选择了1（个）信号中的1位

图 6-8　连接输入/输出信号（续）

如图 6-9 所示，输入/输出都配置成功后，单击按键栏上的"安装..."。安装完成后，KUKA 搬运码垛机器人 I/O 配置才算完成。可以通过仿真或强制 I/O 信号来检测配置是否正确。

图 6-9　安装

6.3.3　KUKA 搬运码垛机器人变量的声明介绍

变量声明对于 KUKA 机器人编程而言是非常重要的，变量声明时要注意以下几点：
■ 在使用前必须总是先进行声明；
■ 每一个变量均划归一种数据类型；
■ 命名时要遵守命名规范；
■ 声明的关键词为 DECL；
■ 对四种简单数据类型关键词 DECL 可省略；
■ 用预进指针赋值；
■ 变量声明可以不同形式进行，不同形式对应不同的生存期和有效性。

6.3.3.1　变量类型

1. 在 SRC 文件中创建的变量（被称为运行时间变量）
（1）不能被一直显示；
（2）仅在声明的程序段中有效；
（3）在到达程序的最后一行（END 行）时重新释放存储位置。

2. 局部 DAT 文件中的变量
（1）在相关 SRC 文件的程序运行时可以一直被显示；

（2）在完整的 SRC 文件中可用，因此在局部的子程序中也可用；

（3）也可创建为全局变量；

（4）获得 DAT 文件中的当前值，重新调用时以所保存的值开始。

3. 系统文件$CONFIG.DAT 中的变量

（1）在所有程序中都可用（全局）；

（2）即使没有程序在运行，也始终可以被显示；

（3）获得$CONFIG.DAT 文件中的当前值。

6.3.3.2　变量创建

下面以常用数据类型为例，详细讲述在 SRC、DAT 文件中创建变量和声明变量。

1. 在 SRC 文件中创建变量

（1）切换到专家用户组；

（2）使 DEF 行显示出来；

（3）在编辑器中打开 SRC 文件；

（4）声明变量：

```
DEF  TEST ( )
DECL  INT   counter
DECL  REAL  price
DECL  BOOL  finished
DECL  CHAR  create1
INI
......
END
```

（5）关闭并保存程序。

2. 在 DAT 文件中创建变量

（1）切换到专家用户组；

（2）在编辑器中打开 DAT 文件；

（3）声明变量：

```
DEFDAT  TEST
EXTERNAL DECLARATIONS
DECL INT  counter
DECL REAL price
DECL BOOL finished
DECL CHAR create1
......
ENDDAT
```

（4）关闭并保存数据列表。

6.3.4　KUKA 搬运码垛机器人程序数据赋值

根据具体任务，可以以不同方式在程序进程（SRC 文件）中改变变量值。下面介绍最常用的方法。

1. 基本运算类型

基本运算类型有：加法（+）、减法（-）、乘法（*）和除法（/）。

数学运算结果(+;-;*),运算对象为 INT 和 REAL：

```
; 声明
DECL INT D,E
DECL REAL U,V
; 初始化
D = 2
E = 5
U = 0.5
V = 10.6
; 指令部分(数据操纵)
D = D*E ; D = 2 * 5 = 10
E = E+V ; E= 5 + 10.6 = 15.6→四舍五入为 E=16
U = U*V ; U= 0.5 * 10.6 = 5.3
V = E+V ; V= 16 + 10.6 = 26.6
```

数学运算结果（/）：

使用整数值运算时的特点：纯整数运算的中间结果会去掉所有小数位；给整数变量赋值时会根据一般计算规则对结果进行四舍五入。

```
; 声明
DECL INT F
DECL REAL W
; 初始化
F = 10
W = 10.0
; 指令部分(数据操纵)
; INT/INT→INT
F = F/2 ; F=5
F = 10/4 ; F=2(10/4 = 2.5→省去小数点后面的尾数)
; REAL/INT→REAL
F = W/4 ; F=3(10.0/4=2.5→四舍五入为整数)
W = W/4 ; W=2.5
```

2. 比较运算

比较运算的运算符有：相同/等于（==）、不同/不等于（<>）、大于（>）、小于（<）、大于等于（>=）、小于等于（<=）。

通过比较运算可以构成逻辑表达式。比较结果始终是 BOOL 数据类型，如表 6-1 所示。

表 6-1 比较运算说明

运算符	说 明	允许的数据类型
==	等于	INT、REAL、CHAR、BOOL
<>	不等于	INT、REAL、CHAR、BOOL
>	大于	INT、REAL、CHAR
<	小于	INT、REAL、CHAR
>=	大于等于	INT、REAL、CHAR
<=	小于等于	INT、REAL、CHAR

```
; 声明
DECL BOOL G,H
; 初始化/指令部分
G = 10>10.1 ; G=FALSE
H = 10/3 == 3 ; H=TRUE
G = G<>H ; G=TRUE
```

3. 逻辑运算

逻辑运算的运算符有：逻辑"与"（NOT）、逻辑"或"（OR）和逻辑"异或"（EXOR）。

通过逻辑运算可以构成逻辑表达式。这种运算的结果始终是 BOOL 数据类型，如表 6-2 所示。

表 6-2 逻辑运算说明

运 算		NOT A	A AND B	A OR B	A EXOR B
A=TRUE	B=TRUE	FALSE	TRUE	TRUE	FALSE
A=TRUE	B=FALSE	FALSE	FALSE	TRUE	TRUE
A=FALSE	B=TRUE	TRUE	FALSE	TRUE	TRUE
A=FALSE	B=FALSE	TRUE	FALSE	FALSE	FALSE

```
; 声明
DECL BOOL K,L,M
; 初始化/指令部分
K = TRUE
L = NOT K ; L=FLASE
M =(K AND L)OR(K EXOR L); M=TRUE
L = NOT(NOT K); L=TRUE
```

运算将根据其优先级顺序进行。运算优先级如表 6-3 所示。

表 6-3 运算优先级

优先级	运 算 符
1	NOT（B_NOT）
2	乘（*），除（/）
3	加（+），减（−）
4	AND（B_AND）
5	EXOR（B_EXOR）
6	OR（B_OR）
7	各种比较（==; < >; ...）

6.3.5 KUKA 搬运码垛机器人外部自动运行介绍

1. KUKA 机器人配置步骤

在主菜单中选择配置→输入/输出端→外部自动运行。外部自动运行（系统）的输入端、输出端如图 6-10 和图 6-11 所示。对应标注如表 6-4 所示。

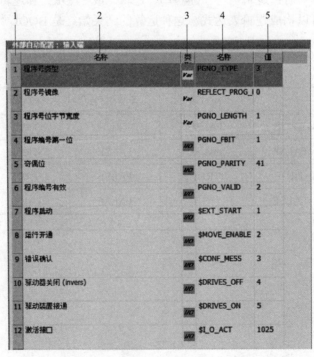

图 6-10 外部自动运行（系统）的输入端

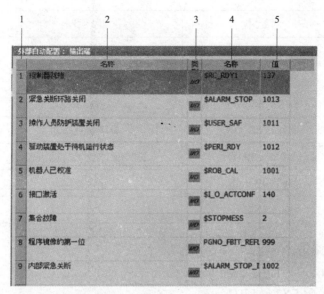

图 6–11　外部自动运行（系统）的输出端

表 6–4　外部自动运行说明

序　号	说　　明
1	编号
2	输入/输出端的长文本名称
3	类型 ■ 绿色：输入/输出端 ■ 黄色：变量或系统变量（$...）
4	信号或变量的名称
5	输入/输出端编号或信道编号

表 6–5 为配置 KUKA 机器人外部自动运行的输入/输出接口（配置应根据实际要求而定）。

表 6–5　配置参数

信　号	名　　称	说　　明	设定值
内部设定	PGNO_TYPE	程序号类型	3
内部设定	PGNO_LENGTH	程序号长度	1
输入端	PGNO_FBIT	程序号第一位	1
输入端	PGNO_VALID	程序编号有效	2
输入端	$EXT_START	程序启动	1

续表

信 号	名 称	说 明	设定值
输入端	$MOVE_ENABLE	运行开通	2
输入端	$CONF_MESS	错误确认	3
输入端	$DRIVES_OFF	驱动器关闭	4
输入端	$DRIVES_ON	驱动装置接通	5
输出端	$PERI_RDY	驱动装置处于待机状态	1
输出端	$STOPMESS	集合故障	2
输出端	$EXT	外部自动运行	3

2. PLC 控制步骤

步骤 1：在 T1 模式下把用户程序按控制要求插入 CELL.src 里，选定 CELL.src 程序，把机器人运行模式切换到 EXT_AUTO。

步骤 2：在机器人系统没有报错的条件下，PLC 一上电就要给机器人置位 $MOVE_ENABLE 信号。

步骤 3：PLC 置位$MOVE_ENABLE 信号 500 ms 后再给机器人$DRIVES_OFF 信号。

步骤 4：PLC 给完$DRIVES_OFF 信号 500 ms 后再给机器人$DRIVES_ON 信号。当机器人接到$DRIVES_ON 后发出信号$PERI_RDY 给 PLC，当 PLC 接到这个信号后要把 $DRIVES_ ON 断开。

步骤 5：PLC 发给机器人$EXT_START（脉冲信号）就可以启动机器人。

外部停止机器人和停止后启动机器人：

停止机器人：给机器人$DRIVES_OFF 信号，这种停止是断掉机器人伺服。

停止后继续启动机器人：重复步骤 3、4、5 就可以启动机器人。

机器人故障复位方法：

当机器人有"集合故障"时，PLC 发给机器人$CONF_MESS（脉冲信号）就可以复位。

6.3.6 KUKA 搬运码垛机器人安全门设定

安全门可与机器人通信，开闭完全自动模式，保护工作人员与机器。当安全门打开时，机器人及相关设备停止工作，防止无关人员误闯，保护人身安全。

这里我们通过安全接口 X11 连接好安全门、外部急停等安全装置。

"操作人员防护装置"信号用于锁闭隔离性防护装置，如防护门，没有此信号，就无法使用自动运行方式。如果在自动运行期间出现信号缺失的情况（例如防护门被打开），则机械手将安全停机。在手动慢速运行方式（T1）和手动快速运行方式（T2）下，操作人员防护装置未激活。机器人 X11 安全（部分）接口如图 6-12 所示。

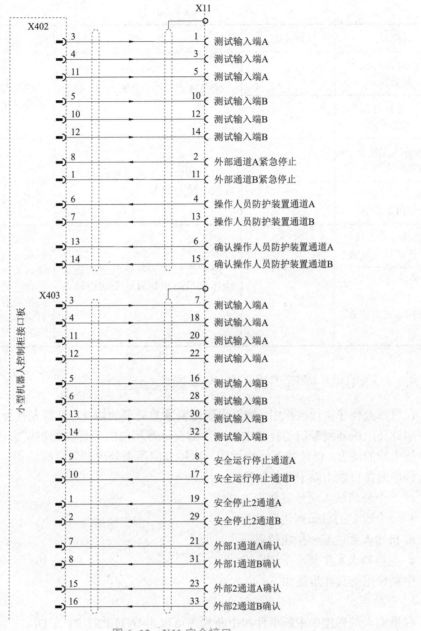

图 6-12 X11 安全接口

X11 安全接口详细介绍如表 6-6 所示。

表 6-6 端口详细介绍

信　号	针　脚	说　　明	备　注
测试输入端 A	1/3/5/7/18/20/22	向信道 A 的每个接口输入端供应脉冲电压	
测试输入端 B	10/12/14/16/28/30/32	向信道 B 的每个接口输入端供应脉冲电压	

信　号	针　脚	说　明	备　注
信道 A 外部紧急停止	2	紧急停止，双信道输入端，最大 24 V	在机器人控制系统中触发紧急停止功能
信道 B 外部紧急停止	11		
操作人员防护装置信道 A	4	用于防护门闭锁装置的双信道连接，最大 24 V	只要该信号处于接通状态就可以驱动装置，仅在自动模式下有效
操作人员防护装置信道 B	13		
确认操作人员防护装置信道 A	6	用于连接带无电势触电的确认操作人员防护装置的双信道输入端	可通过 KUKA 系统软件配置确认操作人员防护装置输入端的行为。在关闭安全门（操作人员防护装置）后，可在自动运行方式下在安全门外面用"确认"键接通机械手的运行
确认操作人员防护装置信道 B	15		

6.3.7　KUKA 搬运码垛机器人中断程序应用

在机器人程序执行过程中，如果出现需要紧急处理的情况，机器人就会中断当前的执行，程序指针马上跳转到专门的程序中对紧急情况进行相应的处理，处理结束后程序指针返回到原来被中断的地方，继续往下执行程序，这种专门用来处理紧急情况的程序，称作中断程序。中断程序通常可以由以下条件触发：

- 一个外部输入信号突然变为 0 或 1；
- 一个设定的时间到达后；
- 机器人到达某一指定位置；
- 当机器人发生某一个错误时。

中断使用的具体步骤如下：

1. 中断声明

在机器人的程序中中断事件和中断程序可以用 INTERRUPT … DECL … WHEN … DO … 来定义声明，在程序中最多允许声明 32 个中断，在同一时间最多允许有 16 个中断激活。中断声明是一个指令，它必须位于程序的指令部分，不允许位于声明部分。声明后将先取消中断，然后才能对定义的时间做出反应。

中断声明的句法：

```
<GLOBAL> INTERRUPT DECL Prio WHEN 事件 DO 中断程序
```

中断声明指令如表 6-7 所示。

表 6-7　中断声明指令说明

参　数	说　明
<GLOBAL>	全局：在声明的开头写有关键词 GLOBAL 的中断为全局中断
Prio	优先级：有优先级 1、2、4~39 和 81~128 可供选择； 　　　　优先级 3 和 40~80 是预留给系统应用的。 如果多个中断同时出现，则先执行最高优先级的中断，然后再执行优先级低的中断（1 为最高优先级）
事件	触发中断的事件，可以通过一个脉冲上升沿被识别
中断程序	应处理的中断程序名称，该子程序被称为中断程序

实例：中断声明。

```
INTERRUPT  DECL  20  WHEN  $IN[1]==TRUE  DO  INTERRUPT_PROG( )
;非全局中断
;优先级:20
;事件:输入端 1 的上升沿
;中断程序:INTERRUPT_PROG( )
```

2. 启动/关闭/禁止/开通中断

对中断进行了声明后必须接着将其激活，用指令 INTERRUPT …可激活一个中断、取消一个中断、禁止一个中断、开通一个中断，如表 6-8 所示。

句法：

```
INTERRUPT 操作 < 编号 >
```

表 6-8　中断指令说明

参　数	说　明
操作	ON：激活一个中断； OFF：取消激活一个中断； DISABLE：禁止一个中断； ENABLE：开通一个原本禁止的中断
编号	对应执行操作的中断程序的编号（也就是优先级）； 编号可以省去：在这种情况下，ON 或 OFF 针对所有声明的中断，DISABLE 或 ENABLE 针对所有激活的中断

实例：启动/关闭/禁止/开通中断

```
INTERRUPT DECL 20 WHEN $IN[1]==TRUE DO INTERRUPT_PROG( );中断声明
…
INTERRUPT ON 20  ;中断被识别并被立即执行
…
INTERRUPT DISABLE 20  ;中断被禁止
```

```
…
INTERRUPT ENABLE 20  ;激活禁止的中断
…
INTERRUPT OFF 20  ;中断已关闭
```

3. 定义并建立中断程序

对中断进行了声明和激活之后，机器人就可以执行对应的中断程序了。那么我们可以建立一个相对应的中断程序。在机器人运动过程中可以触发中断。

```
DEF MY_PROG( )
INI
INTERRUPT  DECL  20  WHEN  $IN[1]==TRUE  DO  ERROR( );中断声明
INTERRUPT  ON  20  ;激活中断
PTP  HOME  Vel=100%  DEFAULT
PTP  P1  Vel=100%  PDAT1
PTP  P2  Vel=100%  PDAT2
PTP  HOME  Vel=100%  DEFAULT
INTERRUPT  OFF  25  ;关闭中断
END
DEF  ERROR( );中断程序
   $OUT[2]=FALSE;将输出端 2 置 0
   $OUT[3]=TRUE;将输出端 3 置 1
END
```

6.3.8　KUKA 搬运码垛机器人 Ethernet 通信介绍

KUKA 以太网通信介绍：

EthernetKRL 是一种附加的技术方案，具有以下功能：

◇ 通过 EthernetKRL 数据交换接口；

◇ 接收来自外部系统的 XML 数据；

◇ 发送 XML 数据到外部系统；

◇ 接收来自外部系统的二进制数据；

◇ 发送二进制数据到外部系统。

EthernetKRL 特点：

◇ 机器人控制器和外部系统作为客户机或服务器；

◇ 通过基于 XML 的配置文件配置连接；

◇ 配置"事件消息"；

◇ 通过 ping 方式监控外部系统的连接；

◇ 从提交解释器读取和写入数据；

◇ 从机器人解释器中读取和写入数据。

通过 TCP/IP 协议的数据传输，也可以使用 UDP/IP 协议（不推荐）。

通信的时间取决于操作编程和发送的数据量。

以太网连接是通过一个 XML 配置文件，在目录中的每个连接都必须定义一个配置文件，文件路径为 C：\KRC\ROBOTER\Config\User\Common\EthernetKRL。以太网连接可以由机器人解释器或提交解释器来创建和操作。一个连接的删除可以链接到机器人解释器，并提交解释操作或系统操作。

必须通过机器人控制器上的 KLI 来建立以太网连接和数据交换。

注意：XML 文件区分大小写。

XML 文件的名称也是 KRL 访问密钥。XML 文件格式说明如表 6-9 所示。

```
<ETHERNETKRL>
<CONFIGURATION>
<EXTERNAL>
<TYPE>Server</TYPE>
        <IP>172.31.1.100</IP>
        <PORT>59152</PORT>
        <TIMEOUT Connect= "60000"/>
</EXTERNAL>
<INTERNAL>
        <IP>172.31.1.147</IP>
        <PORT>54600</PORT>
            <PORTOCOL>TCP</PORTOCOL>
            <TIMEOUT Connect="60000"/>
    <ALIVE Set_Flag="120"/>
</INTERNAL>
</CONFIGURATION>
<RECEIVE>
<XML>
<ELEMENT Tag="Sensor/Position"Type="REAL"/>
<ELEMENT Tag="Sensor/Position/XYZABC"Type="FRAME"/>
            <ELEMENT Tag="Sensor/Command"Type="String"/>
<ELEMENT Tag="Sensor"Set_Flag="12"/>
</XML>
</RECEIVE>
<SEND>
<XML>
<ELEMENT Tag="Robot/String"/>
</XML>
</SEND>
</ETHERNETKRL>
```

表 6-9　XML 文件格式说明

节	说　　明

`<CONFIGURATION>`
...
`</CONFIGURATION>`
	配置外部系统之间的连接参数和一个接口,连接属性的 XML 结构如表 6-10 所示

`<INTERNAL>`
...
`</INTERNAL>`
	接口的设置,如表 6-11 所示

`<RECEIVE>`
...
`</RECEIVE>`
	机器人控制器接收的结构配置,该配置取决于是否接收 XML 数据或二进制数据,数据接收的 XML 结构如表 6-12 所示

`<SEND>`
...
`</SEND>`
	机器人控制器发送的传输结构的配置,如表 6-13 所示

表 6-10　连接属性的 XML 结构

组　　成	说　　明
TYPE	定义外部系统是否是作为一个服务器或客户端的接口(可选) ➢ 服务器:外部系统是一个服务器 ➢ 客户端:外部系统是一个客户端 默认值:服务器
IP	外部系统的 IP 地址,如果它被定义为一个服务器(类型=服务器)
PORT	外部系统的端口号,如果它被定义为一个服务器(类型=服务器) 1～65 534 如果类型为客户端忽略端口号

表 6-11　接口设置

组　　成	属　性	说　　明
BUFFERING	Mode	用于处理所有数据存储器的方法(可选) ➢ FIFO:先入先出 ➢ LIFO:后入先出
	Limit	可以存储在数据存储器中的数据元素的最大数量(可选) ➢ 1～512 默认值:16
BUFFSIZE	Limit	接收最大字节数(可选) ➢ 1～65 534
TIMEOUT	Connect	连接超时时间,单位 ms ➢ 0～65 534 默认值:2 000
ALIVE	Set_Out	设置一个输出或一个成功连接的标志(可选) 输出数: ➢ 1～4 096
	Set_Flag	标志数: ➢ 1～1 025

组 成	属 性	说 明
ALIVE	ping	发送一个 ping 的间隔,以监视与外部系统的连接(可选) ➤ 1～65 534 s
IP		EKI 的 IP 地址,如果它被定义为一个服务器(外部/类型=客户端)
PORT		EKI 的端口号,如果它被定义为一个服务器(外部/类型=客户端)
PORTOCOL		传输协议(可选) ➤ TCP ➤ UDP 默认值:TCP

表 6-12 数据接收的 XML 结构

属 性	说 明
Tag	元素名称 在这里定义数据接收 XML 结构
Type	元素的数据类型 ➤ STRING ➤ REAL ➤ INT ➤ BOOL ➤ FRAME
Set_Out	接收到元素后设置一个输出或标志(可选) 输出数: ➤ 1～4 096
Set_Flag	标志数: ➤ 1～1 025
Mode	处理数据存储器的数据记录的方法 ➤ FIFO:先入先出 ➤ LIFO:后入先出

表 6-13 数据传输的 XML 结构

属 性	说 明
Tag	元素名称 在这里定义数据传输的 XML 结构

EthernetKRL 提供机器人控制器和外部系统之间的数据交换功能,如表 6-14～表 6-19 所示。

表 6–14 连接指令

初始化,打开,关闭和清除连接
EKI_STATUS = EKI_Init(CHAR[])
EKI_STATUS = EKI_Open(CHAR[])
EKI_STATUS = EKI_Close(CHAR[])
EKI_STATUS = EKI_Clear(CHAR[])

表 6–15 数据发送

发送数据
EKI_STATUS = EKI_Send(CHAR[], CHAR[])

表 6–16 写数据

写数据
EKI_STATUS = EKI_SetReal(CHAR[], CHAR[], REAL)
EKI_STATUS = EKI_SetInt(CHAR[], CHAR[], INTEGER)
EKI_STATUS = EKI_SetBool(CHAR[], CHAR[], BOOL)
EKI_STATUS = EKI_SetFrame(CHAR[], CHAR[], FRAME)
EKI_STATUS = EKI_SetString(CHAR[], CHAR[], CHAR[])

表 6–17 读数据

读数据
EKI_STATUS = EKI_GetBool(CHAR[], CHAR[], BOOL)
EKI_STATUS = EKI_GetBoolArray(CHAR[], CHAR[], BOOL[])
EKI_STATUS = EKI_GetInt(CHAR[], CHAR[], Int)
EKI_STATUS = EKI_GetIntArray(CHAR[], CHAR[], Int[])
EKI_STATUS = EKI_GetReal(CHAR[], CHAR[], Real)
EKI_STATUS = EKI_GetRealArray(CHAR[], CHAR[], Real[])
EKI_STATUS = EKI_GetString(CHAR[], CHAR[], CHAR[])
EKI_STATUS = EKI_GetFrame(CHAR[], CHAR[], FRAME)
EKI_STATUS = EKI_GetFrameArray(CHAR[], CHAR[], FRAME[])

表 6–18 错误检测

检查错误的功能
EKI_CHECK(EKI_STATUS, EKrlMsgType, CHAR[])

表 6-19 内存指令

清除，锁定，解锁和检查一个内存
EKI_STATUS = EKI_ClearBuffer（CHAR[]，CHAR[]）
EKI_STATUS = EKI_Lock（CHAR[]）
EKI_STATUS = EKI_Unlock（CHAR[]）
EKI_STATUS = EKI_CheckBuffer（CHAR[]，CHAR[]）

6.4 任务实现

6.4.1 搬运码垛项目创建工具和载荷数据

如图 6-13 所示，机器人控制系统通过测量工具（工具坐标系）识别工具顶尖（TCP：Tool Center Point，工具中心点）相对于法兰中心点的位置，TCP 的测量有两种途径：一种是找个固定的参考点进行示教；另一种则是已知工具的各参数，就可以得到相对于法兰中心点的 X、Y、Z 的偏移量，相对于法兰坐标系转角（角度 A、B、C），同样也能得出精确的 TCP。

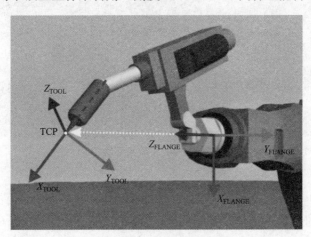

图 6-13 工具中心点

通过一个固定参考点的工具坐标系的测量分为两步：首先确定工具坐标系的 TCP，然后确定工具坐标系的姿态，如表 6-20 所示。

表 6-20 TCP 测量的步骤

步 骤	说 明
1	确定工具坐标系的 TCP 可选择以下方法： *XYZ 4 点法 *XYZ 参照法

续表

步 骤	说 明
2	确定工具坐标系的姿态 可选择以下方法： *ABC 2 点法 *ABC 世界坐标法

1. TCP 的测量

使用 XYZ 4 点法测量 TCP。

XYZ 4 点法的原理：将待测工具的 TCP 从 4 个不同方向移向任意选择的一个参考点，机器人系统将从不同的法兰位置计算出 TCP，本任务中需要设置吸嘴的 TCP。建立一个新的工具数据[1] Toolxi，如图 6-14 所示。

图 6-14　机器人吸嘴

操作步骤：

（1）在主菜单中选择投入运行→测量→工具→XYZ 4 点。

（2）为待测量的工具（TCP 吸嘴）给定一个号码（1）和一个名称（Toolxi）。用"继续"键确认。

（3）用 TCP 移至任意一个参照点。单击"测量"键。单击"是"键回答安全询问。

（4）用 TCP 从一个其他方向朝参照点移动。单击"测量"键。单击"是"键回答安全询问。

（5）把第（4）步重复两次。

（6）输入负载数据。（如果要单独输入负载数据，则可以跳过该步骤。）

（7）用"继续"键确认。

（8）在需要时，可以让测量点的坐标和姿态以增量和角度显示（以法兰坐标系为基准）。为此按下测量点，然后通过退回返回到上一个视图。

（9）或：单击"保存"键，然后通过关闭图标关闭窗口。

或：按下 ABC 2 点法或 ABC 世界坐标法。Toolxi 方向与机器人世界坐标系方向一致。迄今为止的数据被自动保存，并自动打开一个可以在其中输入工具坐标系姿态的窗口。

使用示教器移动机器人将待测量工具的 TCP 从 4 个不同方向移向一个参照点。参照点可以任意选择。机器人控制系统从不同的法兰位置值中计算出 TCP，如图 6-15 所示。

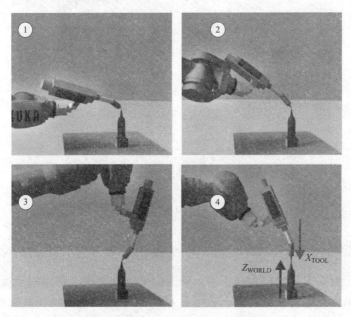

图 6-15　工具坐标测定方法

全部修改完成单击"确认"键，就可以查看计算出的误差（如没有问题单击"确认"键，反之单击"取消"键重新示教点位）。

修改工具质量 mass（2 kg）。

工具坐标创建成功。

2. 工具方向确定

使用 *ABC* 2 点法确定工具方向。

ABC 2 点法是指通过趋近 *X* 轴上一个点和 *XY* 平面上一个点的方法，机器人控制系统即可得知工具坐标系的各轴。当轴方向必须特别精确地确定时，将使用此方法，如图 6-16 所示。

其具体操作步骤如下（如果不是通过主菜单调出操作步骤，而是在 TCP 测量后通过 *ABC* 2 点按键调出，则省略下列的前两个步骤）：

（1）前提条件是，TCP 已通过 *XYZ* 法测定。

（2）在主菜单中选择投入运行→测量→工具→*ABC* 2 点。

（3）输入已安装工具的编号。用"继续"键确认。

（4）用 TCP 移至任意一个参照点，单击"测量"键，用"继续"键确认。

（5）移动工具，使参照点在 *X* 轴上与一个为负 *X* 值的点重合（即与作业方向相反）。单击"测量"键，用"继续"键确认。

（6）移动工具，使参照点在 *XY* 平面上与一个在正 *Y* 方向上的点重合。单击"测量"键，用"继续"键确认，最后工具的方向在工作时与基坐标方向一致。

（7）按"保存"键。数据被保存，窗口关闭。

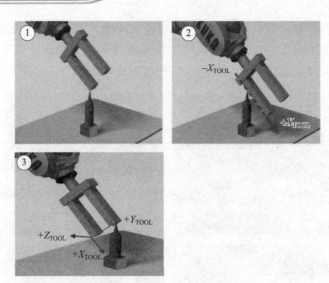

图 6–16 *ABC* 2 点法

6.4.2 搬运码垛项目创建工件坐标系数据

基坐标系表示根据世界坐标系在机器人周围的某一个位置上创建的坐标系,其目的是使机器人的运动以编程设定的位置均以该坐标系为参照。因此,设定的工件支座和抽屉的边缘、货盘或机器的边缘均可作为测量基准坐标系中合理的参考点。

基坐标系测量的方法有 3 点法、间接法、数字输入法三种,这里用 3 点法测量基坐标系。3 点法的具体操作步骤如下:

(1)在主菜单中选择投入运行→测量→基坐标系→3 点。

(2)为基坐标系分配一个号码(1)和一个名称(Stack_BASE)。用"继续"键确认。

(3)输入需用其 TCP 测量基坐标的工具的编号(1)。用"继续"键确认。

(4)用 TCP 移到新基坐标系的原点。单击"测量"键并用"是"键确认位置,如图 6–17 所示。

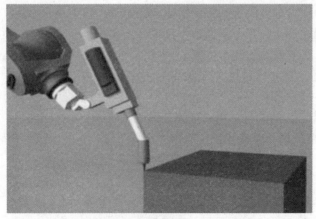

图 6–17 第一个点:原点

(5)将 TCP 移至新基坐标系正向 X 轴上的一个点。单击"测量"键并用"是"键确认位置，如图 6-18 所示。

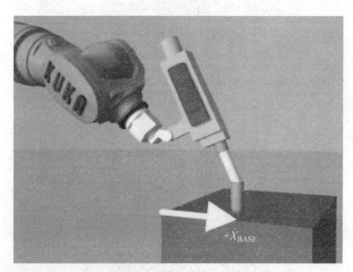

图 6-18 第二个点：X 向

（6）将 TCP 移至 XY 平面上一个带有正 Y 值的点。单击"测量"键并用"是"键确认位置，如图 6-19 所示。

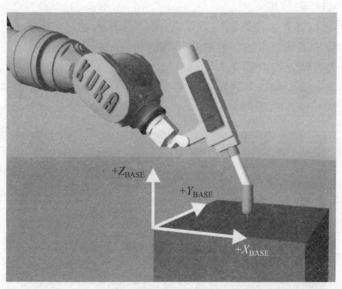

图 6-19 第三个点：XY 平面

（7）按下"保存"键。

（8）关闭菜单。

对应多功能工作站如图 6-20 所示，均以螺丝孔位为参考，箭头所指方向为对应的坐标轴的正方向。

图 6-20 托盘基坐标设定

6.4.3 搬运码垛项目程序

1. 搬运码垛项目思路分析

KUKA 搬运码垛机器人工作站如图 6-21 所示，工作流程：当机器人接收到上位机发出的码垛指令后，上位机启动流水线，此时推料气缸动作将料块推出，自动下料，当物料被传送到抓取区后，安装在流水线上的光电传感器触发机器人中断程序，向上位机发送停止流水线的指令，同时机器人吸取物料并依次将 1 号、2 号物料区摆放完整，循环 8 次后，物料区全部摆满，机器人回到原位准备就绪。

图 6-21 搬运码垛工作站

2. 搬运码垛项目程序讲解

```
DEF stack( )
;搬运码垛主程序
```

```
INT C_COUNT
BOOL L_AND_R
;1号、2号摆放布尔量
DECL E6POS PAROUND
DECL E6POS PPLACE
;位置型变量,用于偏移位置。
INI

C_COUNT=0
L_AND_R=FALSE
$flag[12]=FALSE
;计数值、放置标志位和接收数据标志位初始化
INTERRUPT DECL 2 WHEN  $IN[12]==TRUE DO INTERRUPT1( )
;定义中断事件
INTERRUPT ON 2
;开启中断
RET=EKI_SetString("KRTMessage","Robot/String","Startlin")
;准备发送"Startlin"至上位机
RET=EKI_Send("KRTMessage","Robot")
;发送数据
WAIT for $FLAG[12]
;等待上位机回复

RET=EKI_GetString("KRTMessage","Sensor/Command",MyChar[])
;接收上位机数据,并保存在 MyChar[]里面,MyChar[]为全局变量
IF CHECKSTRING(MyChar[],"Yes*****",8)THEN
;如果上位机回复的数据为"Yes*****"
    WHILE C_COUNT <8
;计数值小于 8
        C_PICK( )
;调用抓取程序子程序
        C_Calculate( )
;调用位置计算子程序
        C_PLACE( )
;调用放置程序
    ENDWHILE
        C_COUNT=0
;计数值复位
PTP HOME Vel=15 % DEFAULT
```

```
;回原点
WAIT SEC 0.02
;等待0.02s
    RET=EKI_SetString("KRTMessage","Robot/String","Start*OK")
;向上位机发送"Start*OK"
    RET=EKI_Send("KRTMessage","Robot")
;发送数据
ENDIF
INTERRUPT OFF 2
;关闭中断
END


DEF C_PICK( )
;抓取子程序
$OUT[7]=TRUE
WAIT FOR ( $IN[13] )
$OUT[7]=FALSE
;控制推料气缸动作
PAROUND=XPLIN_BASE
;抓取基准点赋值
PAROUND.Z=XPLIN_BASE.Z+120
;抓取点上方120 mm赋值给位置变量PAROUND
PTP PAROUND CONT Vel=15 % PDAT6 Tool[1]:Toolxi Base[1]:Stack_BASE
;先移动到抓取点上方
WAIT FOR ( $IN[12] )
;等待物料到达
LIN PLIN_BASE Vel=0.05 m/s CPDAT3 Tool[1]:Toolxi Base[1]:Stack_BASE
;移动至抓取点
WAIT SEC 0.2
$OUT[9]=TRUE
;打开吸盘
WAIT FOR ( $IN[16] )
;等待真空反馈信号
C_COUNT=C_COUNT+1
;计数值加1
L_AND_R=NOT L_AND_R
;摆放位置标志取反,1、2号码盘依次摆放


PAROUND=XPLIN_BASE
```

```
PAROUND.Z=XPLIN_BASE.Z+120
LIN PAROUND CONT Vel=0.1 m/s CPDAT8 Tool[1]:Toolxi Base[1]:Stack_BASE
;移至抓取点上方120 mm
WAIT SEC 0.02
IF C_COUNT <8 THEN
RET=EKI_SetString("KRTMessage","Robot/String","Startlin")
RET=EKI_Send("KRTMessage","Robot")
;如果没有全部码完,向上位机发送数据"Startlin",开启流水线
ENDIF
END


DEF C_Calculate( )
;放置位置计算程序
IF L_AND_R==TRUE THEN
PPLACE=XPLEFT_BASE
;1号码盘基准点赋值
ELSE
PPLACE=XPRIGHT_BASE
;2号码盘基准点赋值
ENDIF


IF((C_COUNT==1)OR(C_COUNT==2))==TRUE THEN
    PPLACE=PPLACE
;计数值为1、2时,码垛至原点位置
ENDIF
IF((C_COUNT==3)OR(C_COUNT==4))==TRUE THEN
    PPLACE.X=PPLACE.X+70
;计数值为3、4时,码垛至原点位置X轴偏移70 mm处
ENDIF
IF((C_COUNT==5)OR(C_COUNT==6))==TRUE THEN
    PPLACE.Y=PPLACE.Y-80
;计数值为5、6时,码垛至原点位置Y轴偏移-80 mm处
ENDIF
IF((C_COUNT==7)OR(C_COUNT==8))==TRUE THEN
    PPLACE.X=PPLACE.X+70
    PPLACE.Y=PPLACE.Y-80
;计数值为7、8时,码垛至原点位置X轴偏移70 mm、Y轴偏移-80 mm处
ENDIF
END
```

```
DEF C_PLACE( )
;物料放置子程序
PPLACE.Z=PPLACE.Z+100
PTP PPLACE CONT Vel=15 % PDAT7 Tool[1]:Toolxi Base[1]:Stack_BASE
;移动至放置点上方100 mm 处
PPLACE.Z=PPLACE.Z-100
LIN PPLACE Vel=0.05 m/s CPDAT9 Tool[1]:Toolxi Base[1]:Stack_BASE
;准确移至放置点
WAIT SEC 0.2
$OUT[9]=FALSE
;关闭吸盘
WAIT FOR (  NOT $IN[16] )
;等待负压释放
PPLACE.Z=PPLACE.Z+100
LIN PPLACE Vel=0.08 m/s CPDAT9 Tool[1]:Toolxi Base[1]:Stack_BASE
;离开放置点
END

DEF INTERRUPT1( )
;中断程序
RET=EKI_SetString("KRTMessage","Robot/String","Stoplin*")
RET=EKI_Send("KRTMessage","Robot")
;向上位机发送数据"Stoplin*"
END
```

6.5　考核评价

任务一　配置一个外部紧急停止开关

要求：使用 KUKA 机器人的 X11 安全接口，配置一个外部急停信号，当机器人示教器被取下或者距离较远时，也能在发生危险的第一时间将机器人紧急停止，保证人身和设备的安全。

任务二　使用机器人示教器设定一个完整的工具坐标

要求：能清楚描述 KUKA 机器人工具坐标创建方法，使用示教器精确地设定 TCP，并将误差控制在 0.5 mm 以内，能用专业语言正确、流利地展示配置的基本步骤，思路清晰、有条理，能圆满回答老师与同学提出的问题，并能提出一些新的建议。

任务三　使用机器人示教器设定一个完整的基坐标

要求：能清楚描述 KUKA 机器人基坐标的创建方法，使用示教器在指定的平面中设定工件坐标，通过机器人线性运动的验证，把误差控制在可接受范围内，能用专业语言正确、流利地展示配置的基本步骤，思路清晰、有条理，能圆满回答老师与同学提出的问题，并能提出一些新的建议。

6.6　扩展提高

任务　独自编写搬运程序

要求：熟练掌握机器各条指令的用法，根据自己的思路，重新编写 KUKA 搬运码垛机器人的程序。

项目七

KUKA 机器人智能分拣

7.1 项目描述

本项目的主要学习内容包括：了解 KUKA 智能分拣机器人工作站主要组成单元，了解 KUKA 智能分拣机器人的相关指令，了解 KUKA 机器人的 I/O 配置，创建工具数据、基坐标数据和有效载荷，独立完成程序编写等。

7.2 教学目的

通过本项目的学习让学生了解工业机器人智能分拣，了解智能分拣工作站主要组成单元，能在工作站中配置好 I/O 单元及信号，并通过示教器与系统 I/O 信号关联，创建智能分拣所需的工具数据、基坐标数据，了解 KUKA 机器人的常用运动指令、I/O 控制指令、逻辑控制指令，学会使用 WorkVisual 编写智能分拣程序并完成调试，总结学习过程中的经验。

7.3 知识准备

7.3.1 KUKA 智能分拣机器人工作站主要组成单元

如图 7-1 所示，本工作站智能分拣的工作目标是机械臂通过吸嘴把"分拣取料区"中的物件搬运到"分拣识别区"，通过摄像头判断物件的形状和精确位置，再把物件放到"分拣放料区"相应位置，如图 7-2 所示。

图 7-1　分拣工作区

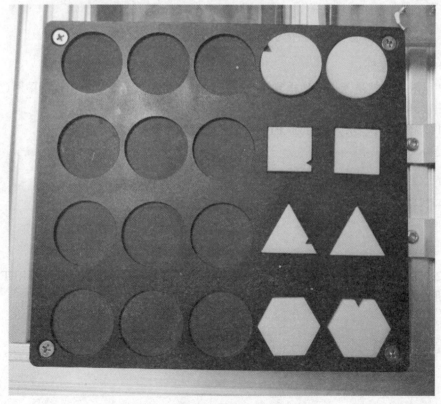

图 7-2　分拣放料区

7.3.2　KUKA 机器人常用的 I/O 控制指令

设置数字输出端——OUT，如图 7–3 所示。其指令解析如表 7–1 所示。

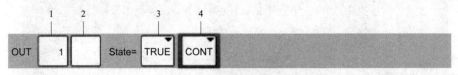

图 7–3　数字输出端设置

表 7–1　OUT 指令解析

序号	说　　明
1	输出端编号
2	如果输出端已有名称则会显示出来。 仅限于专家用户组使用： 通过单击长文本可输入名称。名称可以自由选择
3	输出端被切换成的状态： TRUE FALSE
4	CONT：在预进过程中加工 [空白]：带预进停止的加工

7.3.3　KUKA 机器人常用的逻辑控制指令

1. LOOP 无限循环

LOOP 无限循环就是无止境地重复指令段，然而，却可通过一个提前出现的中断（含 EXIT 功能）退出循环语句。具体使用实例如下：

实例 1：无 EXIT，永久执行对 P1 和 P2 点的运动指令。

```
LOOP
    PTP  P1  Vel=100%  PDAT1
    PTP  P2  Vel=100%  PDAT2
ENDLOOP
PTP  P3  Vel=100%  PDAT3
```

实例 2：带 EXIT，一直执行对 P1 和 P2 点的运动指令，直到输入端 1 为 TRUE 时，跳出循环，机器人运动到 P3 点。

```
LOOP
    PTP  P1  Vel=100%  PDAT1
    PTP  P2  Vel=100%  PDAT2
IF  $IN[1]==TRUE  THEN
      EXIT
```

```
    ENDIF
ENDLOOP
PTP  P3  Vel=100%  PDAT3
```

2. FOR 循环

FOR 重复执行判断指令，根据指定的次数，重复执行对应的程序，步幅默认为+1，也可通过关键词 STEP 指定为某个整数，具体使用实例如下：

实例 1：该循环依次将输出端 1 至 4 切换到 TRUE。用整数（INT）变量 "i" 来对一个循环语句内的循环进行计数。没有借助 STEP 指定步幅时，循环计数 "i" 会自动+1。

```
DECL INT  i
...
FOR  i=1  TO  4      ;没有借助 STEP 指定步幅,默认为 1
   $OUT[i] == TRUE

ENDFOR
```

实例 2：该循环中借助 STEP 指定步幅为 2，循环计数 "i" 会自动+2，所以该循环只会运行两次，一次为 i=1，另一次则为 i=3。计数值为 5 时，循环立即终止。

```
DECL INT  i
...
FOR  i=1  TO  4  STEP 2  ;借助 STEP 指定步幅为 2
    $OUT[i] == TRUE

ENDFOR
```

3. WHILE 当型循环

WHILE 循环是一种当型或者先判断型循环，这种循环执行的过程中先判断条件是否成立，再执行循环中的指令。具体使用实例如下：

实例：下面 WHILE 循环将输出端 2 切换为 TRUE，而输出端 3 被切换为 FALSE，并且机器人移入 HOME 位置，但仅当循环开始时就已满足条件（输入端 1 为 TRUE）时才成立。

```
WHILE $IN[1]==TRUE    ;判断条件输入端 1 是否为 TRUE
   $OUT[2]=TRUE
   $OUT[3]=FALSE
   PTP  HOME  Vel=100%  PDAT1
ENDWHILE
```

4. REPEAT 直到型循环

REPEAT 循环是一种直到型或者检验循环，这种循环会在第一次执行完循环的指令部分后才会检测终止条件。具体使用实例如下：

实例：REPEAT 循环示例将输出端 2 切换为 TRUE，而输出端 3 被切换为 FALSE，并且机器人移入 HOME 位置。这时才会检测条件（输入端 1 为 TRUE）是否成立。

```
REPEAT
    $OUT[2]=TRUE
    $OUT[3]=FALSE
    PTP  HOME  Vel=100%  PDAT1
UNTIL $IN[1]==TRUE    ;判断条件输入端 1 是否为 TRUE
```

5. IF 条件分支

IF 条件判断指令，就是根据不同的条件判断去执行不同的指令，具体使用实例如下：
实例 1：无选择分支的 IF 分支，如果输入端 1 为 TRUE，则机器人移动到 P1、P2 点。

```
IF  $IN[1]==TRUE  THEN
   PTP  P1  Vel=100%  PDAT1
   PTP  P2  Vel=100%  PDAT2
ENDIF
```

实例 2：有可选分支的 IF 分支，如果输入端 1 为 TRUE，则机器人移动到 P1、P2 点，否则移动到 P3 点。

```
IF  $IN[1]==TRUE  THEN
   PTP  P1  Vel=100%  PDAT1
   PTP  P2  Vel=100%  PDAT2
ELSE
   PTP  P3  Vel=100%  PDAT3
ENDIF
```

6. SWITCH 多分支

SWITCH 多分支根据变量的判断结果，在指令块中跳到预定义的 CASE 指令中执行对应程序段。如果 SWITCH 指令未找到预定义的 CASE，则运行 DEFAULT 下的程序。

实例：如果变量"i"的值为 1，则执行 CASE 1 下的程序，机器人运动到点 P1。如果变量"i"的值为 2，则执行 CASE 2 下的程序，机器人运动到点 P2。如果变量"i"的值为 3，则执行 CASE 3 下的程序，机器人运动到点 P3。如果变量"i"的值未在 CASE 中列出（在该例中为 1、2 和 3 以外的值），则将执行默认分支，机器人回 HOME 点。

```
DECL INT  i
  ...
SWITCH  i
CASE 1
    PTP  P1  Vel=100%  PDAT1
...
CASE 2
    PTP  P2  Vel=100%  PDAT2
...
CASE 3
    PTP  P3  Vel=100%  PDAT3
```

```
   ...
DEFAULT
     PTP  HOME  Vel=100%  DEFAULT
ENDSWITCH
```

7.3.4　KUKA 机器人的子程序

在机器人的编程中，为了使程序运行更有逻辑性，也为了使程序结构化、简洁明了、条理清晰，可以使用子程序，也可以调用其他程序。

子程序分为局部子程序和全局子程序两类。

局部子程序位于主程序之后，以 DEF Name_Unterprogramm( )和 END 标明，其格式如图 7–4 所示。

```
DEF MY_PROG( )
;  此为主程序
...
LOCAL_PROG1( )
...
END
_____
DEF LOCAL_PROG1( )
...
LOCAL_PROG2( )
...
END
_____
DEF LOCAL_PROG2( )
...
END
```

图 7–4　局部子程序

全局子程序则可以是系统中存放的其他程序，它有自己单独的 SRC 和 DAT 文件。全局子程序允许多次调用，每次调用后跳回主程序中调用子程序后面的第一条指令处。

全局子程序的调用不像局部子程序需要在名称前加 "DEF"，直接在主程序中输入该子程序的名称即可调用全局子程序，其编程实例如图 7–5 所示。

```
DEF MAIN(  )
INI
LOOP                 ;无限循环
     GET_PEN( )       ;调用全局子程序 GET_PEN
     PAINT_PATH( )    ;调用全局子程序 PAINT_PATH
     PEN_BACK( )      ;调用全局子程序 PEN_BACK
     GET_PLATE( )     ;调用全局子程序 GET_PLATE
     GLUE_PLATE( )    ;调用全局子程序 GLUE_PLATE
     PLATE_BACK( )    ;调用全局子程序 PLATE_BACK
IF  $IN[1] ==TRUE  THEN  ;当输入端口 1 为 TRUE 时跳出循环
     EXIT
ENDIF
ENDLOOP
END
```

图 7–5　全局子程序

7.4 任务实现

7.4.1 智能分拣项目基坐标建立

分拣使用的工具与搬运码垛使用的工具[1] Toolxi 是一样的，如果前面设定好了，此处就不需要再次设定。

基坐标系表示根据世界坐标系在机器人周围的某一个位置上创建的坐标系，如图 7-6 所示。其目的是使机器人的运动以编程设定的位置均以该坐标系为参照。因此，设定的工件支座和抽屉的边缘、货盘或机器的边缘均可作为测量基准坐标系中合理的参考点。

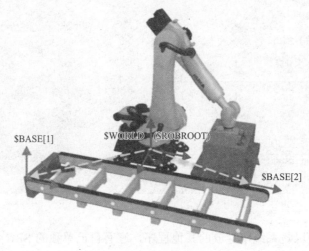

$BASE[1] $WORLD ($ROBROOT) $BASE[2]

图 7-6 基坐标系

基坐标系测量的方法有 3 点法、间接法、数字输入法三种，如表 7-2 所示。

表 7-2 基坐标系测量方法

方 法	说 明
3 点法	1. 定义原点 2. 定义 X 轴的正方向 3. 定义 Y 轴的正方向（XY 平面）
间接法	当无法移至基坐标原点时，例如，由于该点位于工件内部或位于机器人工作空间之外时，须采用间接法。 此时须移至基坐标的 4 个点，其坐标值必须已知（CAD 数据）。机器人控制系统根据这些点计算基坐标
数字输入法	直接输入至世界坐标系的距离值（X，Y，Z）和转角（A，B，C）

3 点法的具体操作步骤如下：

（1）在主菜单中选择投入运行→测量→基坐标系→3 点。

（2）为基坐标系分配一个号码（例如2）和一个名称（例如 Sorting_BASE）。用"继续"键确认。

（3）输入需用其 TCP 测量基坐标的工具的编号（例如1）。用"继续"键确认。

（4）用 TCP 移到新基坐标系的原点。单击"测量"键并用"是"键确认位置，如图7-7所示。

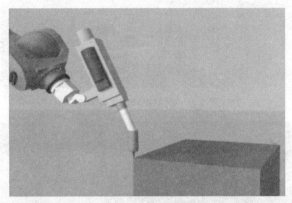

图 7-7　第一个点：原点

（5）将 TCP 移至新基坐标系正向 X 轴上的一个点。单击"测量"键并用"是"键确认位置，如图7-8所示。

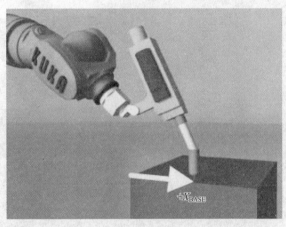

图 7-8　第二个点：X 向

（6）将 TCP 移至 XY 平面上一个带有正 Y 值的点。单击"测量"键并用"是"键确认位置，如图7-9所示。

（7）按下"保存"键。

（8）关闭菜单。

对应多功能工作站如图7-10所示，坐标系设定在放料区上，均以螺丝孔位为参考，箭头所指方向为对应的坐标轴的正方向。

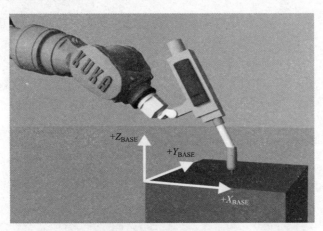

图 7-9 第三个点：*XY* 平面

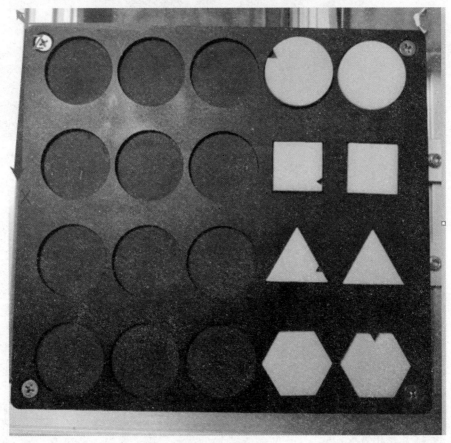

图 7-10 基坐标系

7.4.2 智能分拣项目目标点位示教

在本任务中，一共需示教 4 个点。分别是物料拾取点基准点、物料放置基准点、拍照点、废料丢弃点（图 7-11）。其中物料拾取点基准点保持吸嘴一直吸取物料进行示教，并且建议用目测观察，吸取圆形物料的中心位置进行示教。

图 7-11 点位示教

7.4.3 智能分拣项目程序编写

```
;*****************机器人分拣程序*****************
DEF Sorting( )
SortingNuber=0;初始化分拣物料数量
GrabNuber=0;初始化抓取物料数量
RET=EKI_SetString("KRTMessage","R","_Init");将字符串_Init写入站"R"中
RET=EKI_Send("KRTMessage","R");发送站"R"的数据,初始化相机
PTP pHOME4 CONT Vel=15 % PDAT4 Tool[4]:Tool_Xi Base[5]:Sorting_BASE
WHILE SortingNuber<8
   SortingNuber=SortingNuber+1
   ReadGrabPos()   ;抓取点数据分配子程序
   XBPICK.z=XBPICK.z+50;抓取的Z轴正方向偏移50 mm
LIN BPICK CONT Vel=0.2 m/s CPDAT7 Tool[4]:Tool_Xi Base[5]:Sorting_BASE
   XBPICK.z=XBPICK.z-50
LIN BPICK Vel=0.1 m/s CPDAT9 Tool[4]:Tool_Xi Base[5]:Sorting_BASE;
   OpenAir();打开吸嘴
   XBPICK.z=XBPICK.z+50
LIN BPICK CONT Vel=0.1 m/s CPDAT9 Tool[4]:Tool_Xi Base[5]:Sorting_BASE
PTP pPhotograph_up CONT Vel=15 % PDAT6 Tool[4]:Tool_Xi
Base[5]:Sorting_BASE;运动到拍照点上方位置
```

```
LIN pPhotograph Vel=0.1 m/s CPDAT5 Tool[4]:Tool_Xi Base[5]:Sorting_
BASE
;运动到拍照点
   $OUT[6]=TRUE;打开视觉光源
   WAIT SEC 0.5
   RET=EKI_SetString("KRTMessage","R","_Read");
   RET=EKI_Send("KRTMessage","R");启动相机第一次拍照
   WAIT FOR $FLAG[1];等待数据成功传输
   RET=EKI_GetFRAME("KRTMessage","Sensor/Position/XYZABC",POSDATA)
;收到上位机发送的偏移值
   POSDATA1=POSDATA
   $FLAG[1]=FALSE;数据传输标志复位
   IF ((POSDATA.a<-90) or (POSDATA.a > 90))and ((POSDATA.a==500) or
(POSDATA.a==501))  THEN
      GOTO ABC;如果为废料则跳转到废料丢弃定义标签
   ENDIF
   IF (POSDATA.A>-90) AND (POSDATA.A<90) THEN
   XBPLACE=XPPHOTOGRAPH;
   XBPLACE.A=XBPLACE.A - POSDATA.A
LIN BPLACE Vel=0.2 m/s CPDAT10 Tool[4]:Tool_Xi Base[5]:Sorting_BASE
;一次拍照为正常料后,调整物料的角度
   WAIT SEC 0.2
   RET=EKI_SetString("KRTMessage","R","_Posi")
   RET=EKI_Send("KRTMessage","R");启动相机第二次拍照
   WAIT FOR $FLAG[1];等待数据成功传输
   RET=EKI_GetFRAME("KRTMessage","Sensor/Position/XYZABC",POSDATA)
;收到上位机发送的偏移值
   $FLAG[1]=FALSE
   $OUT[6]=FALSE
   IF ((POSDATA.a<-10) or (POSDATA.a > 10))and ((POSDATA.a==500) or
(POSDATA.a==501))  THEN
     GOTO ABC  ;如果为废料跳转到ABC废料标签
   ENDIF
   XBPLACE.Z=XBPLACE.Z + 80
LIN BPLACE CONT Vel=0.1 m/s CPDAT10 Tool[4]:Tool_Xi Base[5]:Sorting_
BASE
   XBPLACE=XBPLACE_Base
   XBPLACE.X=XBPLACE.X + POSDATA.X
   XBPLACE.Y=XBPLACE.Y + POSDATA.Y
```

```
    XBPLACE.Z=XBPLACE.Z + POSDATA.Z + 100
    XBPLACE.A=XBPLACE.A - POSDATA1.A - POSDATA.A
LIN BPLACE CONT Vel=0.2 m/s CPDAT11 Tool[4]:Tool_Xi Base[5]:Sorting_
BASE
    XBPLACE.Z=XBPLACE.Z-100
LIN BPLACE Vel=0.1 m/s CPDAT10 Tool[4]:Tool_Xi Base[5]:Sorting_BASE
    OffAir()
    XBPLACE.Z=XBPLACE.Z+100
LIN BPLACE CONT Vel=0.1 m/s CPDAT10 Tool[4]:Tool_Xi Base[5]:Sorting_
BASE
    GOTO DF;跳转到while结束标签
    ABC:
$OUT[6]=FALSE
LIN pPhotograph_up CONT Vel=0.1 m/s CPDAT8 Tool[4]:Tool_Xi
Base[5]:Sorting_BASE
PTP PNo_UP CONT Vel=10 % PDAT7 Tool[4]:Tool_Xi Base[5]:Sorting_BASE
LIN pNo Vel=0.15 m/s CPDAT0 Tool[4]:Tool_Xi Base[5]:Sorting_BASE
    OffAir()
PTP PNo_UP CONT Vel=10 % PDAT7 Tool[4]:Tool_Xi Base[5]:Sorting_BASE
    IF POSDATA.a<>500 THEN
                    PTP HOME Vel=10 % DEFAULT
        GOTO QWER
    ENDIF
DF:    定义while结束标签
ENDWHILE
QWER:    定义程序结束标签
END


DEF SortingPos();点位示教子程序,方便示教(无调用)
LIN BPICK_Base Vel=0.5 m/s CPDAT1 Tool[4]:Tool_Xi Base[5]:Sorting_BASE
PTP BPICK_Base CONT Vel=20 % PDAT1 Tool[4]:Tool_Xi Base[5]:Sorting_
BASE
PTP BPLACE_Base CONT Vel=20 % PDAT3 Tool[4]:Tool_Xi Base[5]:Sorting_
BASE
LIN BPLACE_Base Vel=0.5 m/s CPDAT2 Tool[4]:Tool_Xi Base[5]:Sorting_
BASE
PTP BPICK CONT Vel=15 % PDAT9 Tool[4]:Tool_Xi Base[5]:Sorting_BASE
LIN BPICK Vel=0.1 m/s CPDAT9 Tool[4]:Tool_Xi Base[5]:Sorting_BASE
PTP BPLACE CONT Vel=15 % PDAT10 Tool[4]:Tool_Xi Base[5]:Sorting_BASE
```

```
LIN BPLACE Vel=0.1 m/s CPDAT10 Tool[4]:Tool_Xi Base[5]:Sorting_BASE
LIN pNo Vel=0.5 m/s CPDAT4 Tool[4]:Tool_Xi Base[5]:Sorting_BASE
END


DEF ReadGrabPos();物料拾取点数据分配
XBPICK=XBPICK_Base
SWITCH GrabNuber
  CASE 0
    XBPICK.x=XBPICK.x
    XBPICK.Y=XBPICK.Y
  CASE 1
    XBPICK.x=XBPICK.x+(50*GrabNuber)
    XBPICK.Y=XBPICK.Y
  CASE 2
    XBPICK.x=XBPICK.x+(50*GrabNuber)
    XBPICK.Y=XBPICK.Y
  CASE 3
    XBPICK.x=XBPICK.x+(50*GrabNuber)
    XBPICK.Y=XBPICK.Y
  CASE 4
    XBPICK.x=XBPICK.x+(50*(GrabNuber-4))
    XBPICK.Y=XBPICK.Y+40
  CASE 5
    XBPICK.x=XBPICK.x+(50*(GrabNuber-4))
    XBPICK.Y=XBPICK.Y+40
  CASE 6
    XBPICK.x=XBPICK.x+(50*(GrabNuber-4))
    XBPICK.Y=XBPICK.Y+40
  CASE 7
    XBPICK.x=XBPICK.x+(50*(GrabNuber-4))
    XBPICK.Y=XBPICK.Y+40
  DEFAULT
ENDSWITCH
  GrabNuber=GrabNuber+1
END


DEF OpenAir() ;开启吸嘴负压
  WAIT SEC 0.2
  $OUT[4]=TRUE
```

```
    WHILE $in[6]==FALSE
        WAIT SEC 0.3
        $OUT[4]=TRUE
    ENDWHILE
END
DEF OffAiir()   ;关闭吸嘴负压
    WAIT SEC 0.1
    $OUT[4]=FALSE
    WAIT SEC 0.2
    WHILE $in[6]==TRUE
        WAIT SEC 0.3
        $OUT[4]=FALSE
    ENDWHILE
END
```

7.5 考 核 评 价

任务一 熟练使用 WorkVisual 配置输入/输出

要求：能熟练地使用 WorkVisual 认识软件的各个界面，通过软件能配置输入/输出并且能成功安装进机器人，能用专业语言正确、流利地展示配置的基本步骤，思路清晰、有条理，能圆满回答老师与同学提出的问题，并能提出一些新的建议。

任务二 用 3 点法设定工作台的基坐标

要求：熟悉 KUKA 机器人设定基坐标的常用方法，用 3 点法设定基坐标，用手动操作在设好的基坐标中运动并进行检验，能用专业语言正确、流利地展示配置的基本步骤，思路清晰、有条理，能圆满回答老师与同学提出的问题，并能提出一些新的建议。

7.6 扩 展 提 高

任务 了解智能分拣项目的流程，并编写好程序

要求：了解智能分拣项目的流程，并编写好程序，能用专业语言正确、流利地展示配置的基本步骤，思路清晰、有条理，能圆满回答老师与同学提出的问题，并能提出一些新的建议。

KUKA 机器人程序指令及说明

表1 机器人运动指令

PTP	点到点运动（关节运动）
LIN	线性运动
CIRC	圆弧运动
PTP_REL	相对坐标的点到点运动
LIN_REL	相对坐标的直线运动
CIRC_REL	相对坐标的圆弧运动

表2 I/O 信号指令

IN	数字量输入
OUT	数字量输出
ANIN	模拟量输入
ANOUT	模拟量输出
PULSE	脉冲输出

表3 中断

INTERRUPT DECL…WHEN…DO	中断声明
INTERRUPT ON	激活一个中断
INTERRUPT OFF	取消激活一个中断
INTERRUPT DISABLE	禁止一个中断
INTERRUPT ENABLE	开通一个原本禁止的中断
BRAKE	在中断程序中打断机器人运动

表4　逻辑控制指令

LOOP...ENDLOOP	无限循环
FOR...TO...ENDFOR	根据指定的次数，重复执行对应的程序
IF...THEN...ENDIF	当满足不同的条件执行对应的程序
SWITCH...CASE...ENDSWITCH	多分支判断
REPEAT...UNTIL	直到型循环
WHILE...ENDWHILE	当型循环
GOTO	跳转指令

表5　声明指令

DEF...END	程序和子程序声明
DECL...	变量声明
DECL GLOBAL...	全局变量声明
DEFDAT...ENDDAT	声明数据列表
DEFFCT...ENDFCT	声明函数

表6　基本数据类型

BOOL	布尔数
REAL	实数
INT	整数
CHAR	单个字符
AXIS/E6AXIS	轴位置数据
POS/E6POS	点位数据

表7　基本运算符

+、−、*、/	加、减、乘、除
==、<>	相同、不同
>、<	大于、小于
>=、<=	大于等于、小于等于
NOT	取反
AND	逻辑"与"
OR	逻辑"或"
EXOR	逻辑"异或"